"十四五"职业教育国家规划教材

中等职业教育农业农村部"十三五"规划教材

植物基础

第二版

··· 李 慧 ◎主编

U0282646

中国农业出版社

北 京

内 容 简 介

　　本教材是中等职业教育农业农村部"十三五"规划教材、中等职业教育"十四五"规划教材。教材以被子植物为代表，重点介绍了植物的外部形态、微观解剖结构、常见植物主要科的识别方法，以及显微镜的使用、植物标本的采集和制作等基本技能。本教材尽量做到以图代文、以表代文，突出实用性、可操作性，体现职业性、实践性、适用性。本教材可作为职业院校园艺技术、园林技术等专业的教材，也可作为相关专业自学考试、成人教育的学习用书，还可供广大农林类技术人员参考。

第二版编审人员名单

主　编　李　慧（苏州旅游与财经高等职业技术学校）

副主编　赵秀娟（山西省忻州市原平农业学校）

参　编　（以姓氏笔画为序）

丁广进（江苏省如皋第一中等专业学校）

朱兴娟（江苏省淮安生物工程高等职业学校）

李百伟（江苏省如皋第一中等专业学校）

张　瑜（江苏省丹阳中等专业学校）

张左悦（江苏省淮安生物工程高等职业学校）

审　稿　李振陆（苏州农业职业技术学院）

第一版编审人员名单

主　　编　李　慧（淮安生物工程高等职业学校）

副 主 编　王永红（长春市农业学校）

参　　编　任会芳（石家庄农业学校）

　　　　　杨绍良（广西百色农业学校）

审　　稿　李振陆（江苏农林职业技术学院）

F 第二版前言
oreword

为全面贯彻党的教育方针，落实立德树人根本任务，培养德智体美劳全面发展的社会主义建设者和接班人，促进学生全面发展和可持续发展，培养学生健康的兴趣和爱好，发展学生个性，让学生在活动中学习、在活动中成长、在活动中发展，扎实推进素质教育，中国农业出版社精心策划并组织编写了本教材。教材以"三教"改革为抓手，根据教学对象及培养目标，编写的思路和路径体现在以下几个方面：

1. 打破了以往植物类教材的"细胞—组织—器官"的编写顺序。基于"先易后难"的教学理念，首先让学生学习"项目一 走进丰富多彩的植物界"。植物资源如此丰富，人类在大自然中有这么多神奇的植物伙伴，对植物界多一些了解，就会多一些呵护，多一些人与自然和谐共处的主动意识，对专业多一些兴趣。"项目二 植物器官形态识别"让学生重点学会从形态上区分根、茎、叶、花、果实和种子的主要特征；在植物形态识别的过程中，教师提出与解剖结构相关的疑问，比如"为什么有的植物背面叶和正面叶颜色深浅不一致""为什么有的植物叶片在炎热夏季的中午会内卷成筒状"等。"项目三 植物微观结构的观察"，通过介绍显微镜的使用、利用显微镜观察植物的微观结构，使学生能够更好地理解植物微观结构与植物形态识别及生长发育的关系。在"项目四 植物的分类及识别"中，学生不仅要了解植物系统进化过程、分类方法及命名法则，还要熟识植物生物学习性、生态学习性及常见植物的主要科。

2. 充分体现了"项目导向，任务引领"的教学理念。本教材按照"学习目标—任务要求—课前准备—任务提出—任务分析—相关知识—任务实施—课后探究"这条主线来编写每个具体任务，尤其适合"教学做一体化"的教学模式。"任务提出"的问题浅显易懂，具有发散性，贴近学生生活，有助于学生在课前做好预习，体现"先学后教"的教学理念，也利于教师课堂授课时调动气氛；"课后探究"选取的角度注重巩固所学难点，同时激发学生联系生活生产实际运用所学知识去释疑。

3. 教材中所列举植物大部分为园艺（园林）植物，使学生初步识别 100 种左右的园艺（园林）植物，以便更好地为后续专业课程的学习打下基础。

4. 广泛吸纳编写人员在教学实践中积累的经验和最新的研究成果，内容简洁、图文并茂，并多用图、表等形式直观形象地表达内容。扫描教材中二维码可以获取植物显微结构彩图，可供学生在显微镜下观察切片时作为参考。

植物基础是职业院校园艺技术、园林技术及其他植物生产类专业的一门必修的专业基础课，是学习观赏树木、花卉生产技术、蔬菜生产技术、果树生产技术、植物保护等后续专业课的基础。本教材以被子植物为主线，阐述了植物的形态、结构、分类，为更好地控制、改造和利用植物打下良好的基础。

本教材由李慧任主编，赵秀娟任副主编。参加编写的人员均为各职业院校长期从事相关课程教学工作的一线骨干教师，编写内容按照编者任教专业相对专长的领域进行分工，大家依据课程标准，结合教学实践，对编写内容悉心构思和润色，以保证教材具有鲜明的职业教育特色，尽可能充分反映相关领域的最新研究进展，有利于学生对知识和技能的掌握，从而调动学生的学习积极性，提高学习效果。本教材共 4 个项目、17 个任务。项目一由朱兴娟编写；项目二由李慧编写；项目三任务一由朱兴娟编写，任务二、任务三由李百伟编写，任务四由丁广进编写，任务五至任务七由赵秀娟编写，任务八、任务九由张左悦编写；项目四由张瑜编写。教材中的彩图由李慧拍摄提供。全书由李慧统稿，由李振陆教授审稿。

本教材在编写过程中得到了江苏省苏州旅游与财经高等职业技术学校、江苏省淮安生物工程高等职业学校、山西省忻州市原平农业学校、江苏省如皋第一中等专业学校和江苏省丹阳中等专业学校等单位的大力支持；同时，教材在编写过程中也参阅了有关研究成果和图片等文献资料，谨在此一并表示衷心的感谢。

由于编者水平有限，教材中难免存在不妥之处，恳请各位读者提出宝贵意见，以便进一步修订。

编　者

2021 年 6 月

F 第一版前言
oreword

　　本教材为中等职业教育农业部"十二五"规划教材。为了适应农林业发展和课程教学体系改革的需要，结合教学对象及培养目标，本教材编写时突出了以下几个方面：第一，注重理论联系实际。在兼顾知识的系统性、科学性和实效性的基础上，通过职业岗位群所需技能和能力、相关课程间知识结构关系的分析，力求阐明基本知识和基本概念，密切联系实际，充分反映本课程的发展动态，体现职业教育的教学体系和特点。第二，重视技能培养。在实践体系上，突出能力为本，强化学生技能和动手能力的培养。在理论上坚持"必需""够用"的原则，突出教材的适用性与应用性。第三，体现"新"和"精"。广泛吸纳编写人员在教学实践中积累的经验和最新的研究成果，内容简洁、图文并茂。第四，适于自学并拓展知识面。教材内容深入浅出，富有启发性，并多用图、表等形式直观形象地表达。教材的第一部分是基本知识，每一单元的前面有学习目标，后面有单元小结，便于预习和复习，也便于自学。复习思考题供老师布置作业、学生自测等参考。第二部分是基本技能，可根据专业和课时数选用。附录为彩图部分：附录 1 为植物显微结构图，附录 2 为常见的木本及草本植物图。

　　植物基础是职业院校园艺、园林及其他植物生产类专业的一门必修的专业基础课。本教材以被子植物为主线，阐述了植物体的形态特征、解剖结构、个体发育过程中器官的形态发生；植物的多样性与分类的基础知识、植物界各大类群重要特征、被子植物常见分科特征及代表植物。教材以粮、棉、油料、园林、花卉等植物为主，考虑到课程的系统性和科学性，适当兼顾植物分类地位上重要的植物。近年来由于外来入侵植物受到关注，也适当地增加了相关内容，这有利于提高学生分析和解决生产中的实际问题，并为学好后续专业课程、提高职业能力打下良好的基础。

　　本教材由李慧任主编，王永红任副主编。参加本书编写的人员均为各职业院校长期从事相关课程教学工作的一线骨干教师，编写内容按照编者相对专长的研究领域进行分工，大家结合教学实践，充分研讨课程标准，对编写内容悉心构思和润色，以保证教材具有鲜明的职业教育特色，尽可能充分反映相关领域的最新研究进展，有利于学生对知识和技能的掌握，从而调动学生的学习积极性，提高学习效果。

　　本教材分知识、技能和附录三部分。第一单元和第三单元由李慧编写，第二单元由王永红编写，第四单元由任会芳编写，第五单元由杨绍良编写，实验实训由所在单元的老师编写；附录中彩图由李慧拍摄提供。全书由李慧统稿，由李振陆审定全稿。本教材主要供职业院校园艺技术、园林技术专业使用，也可供自学考试及成人教育相关专业使用。

本教材在编写过程中，得到了江苏省淮安生物工程高等职业学校、吉林省长春市农业学校、河北省石家庄农业学校、广西百色农业学校等单位的大力支持，同时在编写过程中也参阅了有关专家的研究成果等文献资料，谨在此一并表示衷心的感谢。

由于编者水平有限，加上时间仓促，教材中不妥之处在所难免，恳请各位专家、老师和同学提出宝贵意见，以便进一步修订。

编　者

2012 年 2 月

目 录
Contents

01 项目一
走进丰富多彩的植物界

📝 学习目标

1. 了解植物的类群及基本特征。
2. 了解植物在自然界和国民经济中的作用。
3. 了解外来入侵植物的危害与防控方法，培养探索精神、社会担当和爱国主义价值观。
4. 培养科学探究和实践能力，养成理性思维的习惯。

🔍 任务要求

1. 能说出各类群中几种常见的植物以及特征。
2. 培养热爱自然的意识，提升对植物界探究的兴趣。

📁 课前准备

每位同学准备常见的植物5种（全株或枝条）。

一、任务提出

植物生产类各专业主要是生产和应用植物。就生产环节而言，包括植物的种植、繁殖、收获等；就应用环节而言，包括植物的养护、识别、栽植等，无论是哪个环节，都需要以植物知识作为理论基础。在生产上，选择什么部位的插穗易生根？嫁接时为什么要削掉韧皮部而使维管形成层贴在一起？在应用上，修剪要选择什么季节最适宜？为什么在华北地区大多数常绿阔叶树种不宜用作绿化树种？以上问题都可通过对本课程的学习加以理解。因此，学习专业课程之前，必须先掌握植物基础知识。

二、项目分析

目前已知的植物有50余万种，种类繁多，分布极广，从热带到寒带以至两极地带、海洋到陆地、平原到高山、地表到地下，在空气中、人和动物的表面及体内，到处都有不同的植物种类生长繁衍。纵观植物界的发展，整个植物界沿着从低级到高级、从简单到复杂、从水生到陆生的演变进化，新的物种在不断产生，不适应环境条件变化的种类不断死亡和灭绝，推动植物界走向了繁华盛世。

通过本项目学习，引导学生了解植物界的进化史、植物的多样性、植物与人类的关系及植物对人类的重要性等相关知识。

三、相关知识

（一）揭开植物王国的"神秘面纱"

植物的种类繁多，形态结构千差万别，生活方式多种多样，根据现代植物知识，植物分

1

门的意见不一。一般将植物分为两大类共 16 个门，即低等植物和高等植物。低等植物有藻类植物 8 个门、菌类植物 3 个门、地衣植物 1 个门；高等植物有苔藓植物 1 个门、蕨类植物 1 个门、种子植物 2 个门。种子植物是植物界种类最多、形态结构最为复杂，也是和人类经济生活最为密切的一类植物。

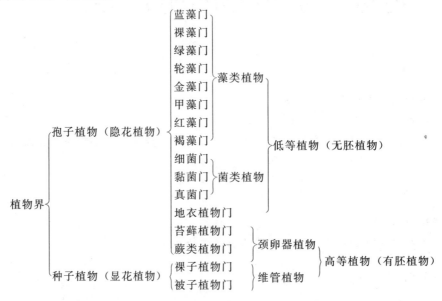

1. 低等植物 低等植物是比较原始的类群，植物体的构造简单，没有根、茎、叶的分化，生殖器官多为单细胞，有性生殖时，合子不形成胚，而是直接发育成新的植物体。

按照植物体结构和营养方式不同，低等植物也可分为地衣、藻类和菌类三大类群。

（1）地衣植物。地衣是一类特殊的植物群，它是由藻类与真菌共同组成的复合体。真菌菌丝能吸收水分和无机盐供藻类制造有机物，还能保护藻类在干燥条件下不至于因旱而死，藻类通过光合作用制造有机物供给菌类作养料，它们相互依存形成共生关系。

地衣分为 3 种类型：壳状、叶状和枝状。壳状地衣紧贴在树皮或岩石上不易剥离；叶状地衣有背腹性，以假根或脐附着在基质上，易剥离；枝状地衣直立或下垂如丝，多分枝（图 1-1）。

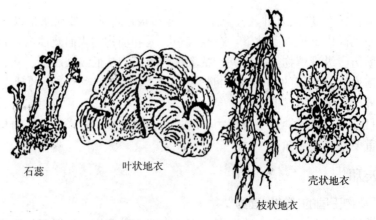

图 1-1　地衣的几种生长型

地衣分布于世界各地，适应能力很强，但对空气污染极为敏感，故城市中少见地衣。因此，常用来作为空气污染的监测植物。

地衣对岩石有风化、腐蚀作用；地衣还可提取染料、石蕊指示剂和抗菌消炎药物，地衣多糖类还具有良好的可抗癌活性等；有些种类可食用或作饲料，但有的也能危害森林植物。

（2）菌类植物。菌类植物一般无光合色素，是一群营异养生活的低等植物，异养方式有寄生和腐生等。凡是从活的动植物体吸取养分的称寄生，凡是从死的动植物体或无生命的有机物质吸取养分的称腐生。

菌类广泛分布于水、空气、土壤、人和动植物体内外，常见的多为细菌和真菌。

①细菌门。细菌为最古老的也是最小的生物，已记载的约 1 600 种，它是属于单细胞原核植物，绝大多数不含叶绿素，营异养生活。

细菌按形状特征常分为球菌、杆菌和螺旋菌（图 1-2），很多种是严重影响人体和动物健康的异养型病菌，也有些种类是可以进行光合作用或化能合成作用的自养型细菌。

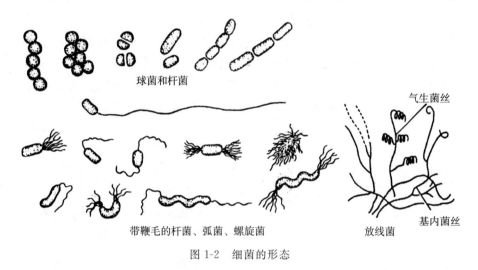

图 1-2　细菌的形态

细菌中的根瘤菌属、固氮菌属等能够直接从大气固定氮，为无此能力的其他生物提供必需的氮素营养。

一些细菌生活在缺氧的环境中，称为厌氧菌，另一些则只能在有氧时生活，称为好氧菌，也有两类环境都能忍受的兼性厌氧菌。

细菌经常以裂殖方式进行繁殖。在最适宜的环境条件下，每 20～30min 即可分裂一次，其繁殖速度是十分惊人的。在自然条件下，由于受营养和代谢物质因素限制，不能使细菌按几何级数繁殖下去。

②真菌门。真菌是一类不含色素的异养植物，其菌体比细菌大，细胞结构比较完善，有明显的细胞核。真菌的繁殖方式多种多样，在各类孢子囊中产生的孢子传播方便，在空气中到处浮游，遇适宜环境即可萌发长出菌丝。

真菌种类繁多，已记载 2 850 属约 25 万种。很多真菌是经济植物的大敌或动物疾病的病原，会导致白粉病、锈病等。有些可供食用和药用，如灵芝、茯苓、猴头、木耳、银耳等。常见的真菌有根霉属，腐生于面包、果实、蔬菜和粪便等潮湿的有机物上面，还有青霉属与曲霉属，以及各种伞状蘑菇，等等（图 1-3）。

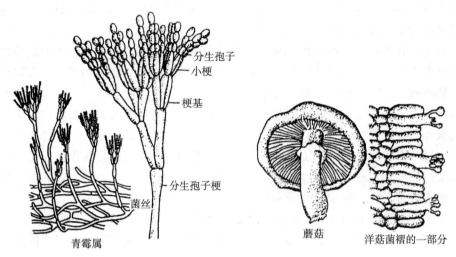

图 1-3 真 菌

（3）藻类植物。藻类植物大多数生活在海水或淡水中。细胞中含有叶绿素和其他色素，能进行光合作用，制造有机物，为自养植物。植物体的大小和形态结构差异很大，有肉眼看不见的单细胞植物，如衣藻、小球藻等；有些为多细胞的丝状体或叶状体，如水藻；有的构造复杂，体型也很大，如海带等，但植物体都没有根、茎、叶的分化。生态习性多为水生，少数生活在潮湿的岩石上、墙壁上、树干上或土地上，具有吸收水分和无机盐的作用。

藻类植物依其所含色素、结构、贮藏养料及生殖方式等的不同，常分为 8 个门，其中比较重要的有蓝藻门、绿藻门、红藻门和褐藻门。

蓝藻是藻类中最原始的植物（图 1-4），细胞没有真正的核，只有分散的核质，属原核植物；所含色素是叶绿素和藻蓝素，植物体是蓝绿色，如可供食用的地木耳、发菜等。绿藻

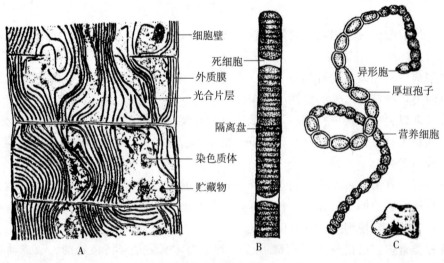

图 1-4 蓝 藻

A. 鱼腥藻　B. 颤藻　C. 念珠藻

（武吉华，1991. 植物地理学）

的细胞结构及所含色素与高等植物基本相同，故呈绿色，多生活在淡水中，植物体有单细胞群体、丝状体和叶状体等多种形态，如衣藻、团藻、水绵等。红藻和褐藻是藻类中比较高级的类群，多生活于海水中，常见的有紫菜、石花菜、裙带菜和海带等。

藻类是自然界有机物的主要制造者，地球上每年靠绿色植物合成的有机物，有90％由海洋中的藻类完成。许多藻类可作为食品，如海带、裙带菜、鹿角菜、紫菜、石花菜等；有些藻类可作为药用，如褐藻含有大量碘，可治疗和预防甲状腺肿大；还有许多可作为工业的原料，如提取藻胶酸、琼脂和碘化钾等；也有一些藻类对作物生长和养殖业的发展有一定危害，如稻田内的水绵，鱼塘中的绿球藻和丝藻，等等。

2. 高等植物 绝大多数高等植物都是陆生的，植物体常有根、叶的分化（苔藓植物除外）。它们的生活周期具有明显的世代交替，即有性世代的配子体和无性世代的孢子体有规律地交替出现完成生活史，雌性生殖器官由多细胞构成，受精卵形成胚，再生长成植物体。

（1）苔藓植物门。苔藓植物是高等植物中最原始、结构简单的陆生类群，它们虽然脱离了水生环境而进入陆地生活，但大多数仍然生活在阴湿的环境中，是植物从水生过渡到陆生形式的代表。比较低级的种类如地钱、角苔，其植物体为扁平的叶状体；比较高级的种类如葫芦藓、泥炭藓，其植物体有茎、叶的分化，可是没有真正的根（图1-5）。吸收水、无机盐和固着植物体的机能，由一些表皮细胞的突起物——假根来完成。它们没有维管束那样的输导组织，在世代交替中，配子体占优势，孢子体不能离开配子体独立生活。

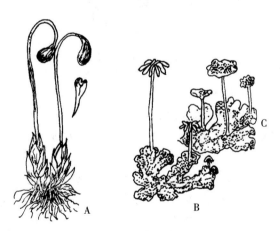

图1-5 苔 藓
A. 葫芦藓 B. 地钱雌株 C. 地钱雄株

苔藓植物门分为苔纲和藓纲。苔纲约有9 000种，我国约有650种，叶无中肋，成熟的孢蒴多纵裂，如地钱属。藓纲植物约有3万种，我国约有1 500种，叶常有1～2中肋，成熟的孢蒴多盖裂，常见的有葫芦藓属、泥炭藓属等。苔藓植物能生活于其他植物不能生活的环境，分布甚广。

（2）蕨类植物门。蕨类植物一般陆生，有根、茎、叶的分化和维管束系统，世代交替明显，孢子体发达。配子体和孢子体都能独立生活（图1-6）。常见的蕨类植物的营养体是孢子体（图1-7）。

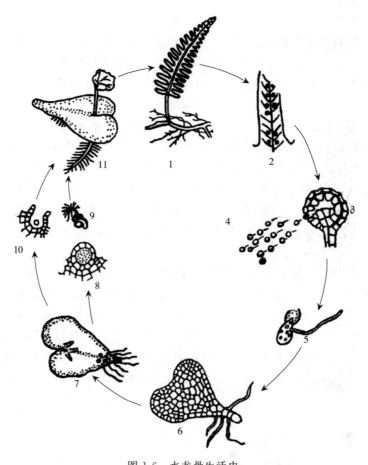

图 1-6 水龙骨生活史

1. 成熟孢子体 2. 孢子叶的一部分 3. 孢子囊 4. 孢子 5. 孢子萌发 6. 幼地
钱雌株 7. 成熟配子体 8. 精子器 9. 颈卵器 10. 精子 11. 幼孢子体

蕨类植物共分 5 纲：石松纲、水韭纲、松叶蕨纲、木贼纲和真蕨纲。常见的代表植物有石松、卷柏、木贼、间荆、水龙骨、满江红、槐叶苹等。

蕨类植物与苔藓植物均可大量繁殖孢子，由孢子长成众多配子体，然后进行有性生殖，在配子体上形成胚，因此同属有胚（高等）植物。但蕨类配子体型小，便于有性生殖，孢子体有机物生产能力较强，产生更多的孢子以及相应增多的配子体，所以蕨类比苔藓类更为繁盛。

有的蕨类的孢子有大小型区别。大孢子发生于大孢子囊中，以后长成雌配子体，小孢子发生于小孢子囊中，以后长成雄配子体，如果大（小）孢子囊着生在叶片上，则后者称为大（小）孢子叶。

（3）种子植物门。种子植物的特征是能产生种子。种子的出现，是长期适应陆地生活的结果。在种子有性生殖过程中，精子由花粉管输送到胚囊与卵细胞结合，不受水的限制，它们的孢子体发达而且高度分化，配子体极度简化，并在孢子体的孕育下成

图 1-7 蕨
（金银根，2011. 植物学）

长发育，这都有利于陆地生活和种族的繁衍。因而种子植物是现代地球上适应性最强、分布最广、种类最多、进化最完全的植物类群。

根据种子有无果皮包被，将种子植物分为裸子植物和被子植物两大类。

①裸子植物亚门。裸子植物的大孢子囊裸露在外，里面部分称为珠心，外有珠被包围，珠心内分化出大孢子，但只一个发育成雌配子体，小孢子囊又称花粉囊，里面产生小孢子，小孢子则在壁内形成2~3个细胞的雄配子体。花粉被风传送到胚珠中，长出管状细胞，将已形成的精子直接输入珠心并与雌配子体中卵细胞结合。受精卵在胚珠内长成胚，连同由珠被转化而成的种皮等共同构成种子。因为胚珠裸露，由它转化而成的种子也是裸露的，所以本类群称为裸子植物。

裸子植物花单性，雌雄同株或异株。

裸子植物最早出现于古生代的泥盆纪，到石炭纪、二叠纪时已较繁盛，在三叠和侏罗纪时它取代蕨类植物而占优势，其后则逐渐衰退，到现代大多数已灭绝，仅存71属，近800种。裸子植物通常分为5纲：苏铁纲（图1-8）、银杏纲、松柏纲、红豆杉纲和买麻藤纲。我国是裸子植物最多、资源最丰富的国家，有41属，236种，其中银杏、水松、水杉是我国裸子植物三大特产。

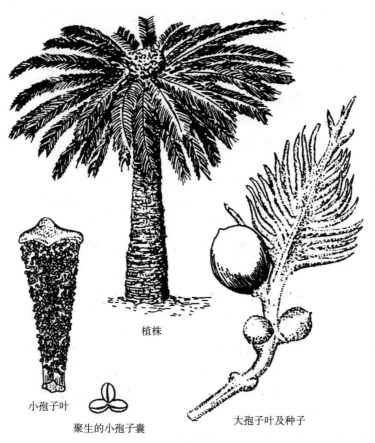

植株

小孢子叶

聚生的小孢子囊

大孢子叶及种子

图1-8 苏 铁

②被子植物亚门。被子植物是植物界进化最高级、种类最多、适应性最强的类群。目前植物界中超过半数的种类为被子植物。被子植物具有如下特征：一是胚珠有子房包被。由胚

珠发育成的种子有果皮包被，使种子渡过不良的环境条件，扩大分布范围。二是孢子体结构上比其他各类植物更完善化。木质部有导管，韧皮部有筛管和伴胞，输导组织的完善使体内物质运输畅通，适应性得到加强。相反，它们的配子体进一步简化（雄配子体为 3 核的花粉粒，雌配子体即胚囊只有 7 个细胞）。雌、雄配子体均无独立生活能力，终生寄生在孢子体上，结构上比裸子植物更简化。三是具有真正的花。典型的被子植物的花包括花萼、花冠、雄蕊和雌蕊四部分。有性生殖时花粉粒产生花粉管，花粉管输送精子到胚囊中进行受精，完全摆脱水的控制，更能适应陆生环境。四是具有双受精现象。被子植物能形成 $3n$ 染色体的胚乳，因而具有更强的生活力，有利于种族的繁衍。

这些结构都使得被子植物具有更强的适应陆地生活的能力，因此，被子植物的种类最多，占植物一半以上，广泛分布于山地、丘陵、平原、沙漠、湖泊、河溪，它们的用途也最广，如全部的农作物及果树、蔬菜等都是被子植物。许多轻工业、建筑、医疗等原料，也取自被子植物。因此，被子植物是我们衣、食、住、行和国家建设不可缺少的植物资源，对被子植物的利用已成为国民经济的重要组成部分。

我国地域辽阔，植物资源丰富，栖息着超过 35 000 种的植物，跨越了不同的气候带，在多样的山川地貌之间，几乎囊括了地球上主要的植被类型：高原、荒漠、草原、森林等。有闻名世界的果树品种荔枝、龙眼、枇杷、梅等；有名贵建筑材料台湾杉、马尾松、楠木、樟树、柳杉等；花卉品种也很多，如月季、玫瑰、牡丹、菊花、兰花等；名贵药用植物如杜仲、人参、当归、石斛等；孑遗植物银杏、水杉、水松、银杉、金钱松等。此外，还蕴藏着大量的野生植物资源。

（二）初识植物的习性特征

据考证，地球上最原始的植物是原核的藻类植物，诞生于 38 亿年前的海洋，陆地植物的出现至少有 26 亿年的历史。陆地上出现的真核植物至少已有 20 亿年历史。植物经过长期的进化发展，出现了形态结构、生活习性等方面的差别。有些类群繁盛起来，有些类群衰退下去，老的物种不断消亡，新的物种不断产生，植物从无到有，从少到多，从简单到复杂，从水生到陆生，从低级到高级，进化着并繁荣着。直至现今，植物已遍布于地球的每一个角落。

1. 个体大小　有的微小，如微球菌的直径只有 $0.2\mu m$；一般的杆菌长 $2\mu m$，宽 $0.5\mu m$，只有借助于显微镜才能观察到；而肉眼可见的，有平时常见的花、草，也有枝叶繁茂的参天巨树。

2. 形态结构　植物体由简单向复杂的方向进化。植物体由单细胞个体到多细胞群体，再进化到多细胞有机体，逐渐出现细胞的分工、组织的分化和不同器官的形成，随着生活环境的不断变化和进一步复杂化，植物体形态结构发展也就更加完善、更加复杂和更具多样性。如衣藻、小球藻为单细胞，实球藻、团藻则是由松散联系的一定数量的细胞聚成的群体；而大多数植物是由联系紧密的很多细胞构成的多细胞植物体。多细胞植物中，有低等植物如紫菜、海带等；高等植物则产生了高度的组织分化，形成了维管组织，具有根、茎、叶等器官，最高级的种子植物还能产生种子繁殖后代。

3. 生态环境　植物体由水生向陆生的方向进化。植物的保护组织、机械组织和维管组织等的逐渐发育和发展，使各器官之间有了明确的分工，适应性不断增强，植物能够在复杂多样，甚至很恶劣的生活环境中生存。大多数植物生长在陆地上，通称陆生植物。那些生于水里的植物称水生植物，如莲、金鱼藻等。陆生植物又根据对土壤水分的要求和适应程度的差异分为旱生植物、中生植物和湿生植物。另外，在一些特定的环境中，相应的出现一些特殊类型的植物，如沙生植物、盐生植物、酸性土植物、钙质土植物等类型。野生植物经驯化引种栽培，在长期自然选择和人工选择下，产生了许多新的生态类型。

4. 生殖方式 植物由无性生殖向有性生殖进化。在有性生殖中，植物又由同配生殖发展到异配生殖，进而到卵式生殖，由简单的卵囊和精囊进化到复杂的颈卵器和精子器，由无胚到有胚，植物的生殖从以单细胞的孢子进行生殖到以复杂结构的种子来生殖。

5. 营养方式 绝大多数种类都具有叶绿体，能够进行光合作用，被称为绿色植物或自养植物。而体内无叶绿素，不能自制养料，必须寄生在其他植物上吸收现成的营养物质而生活的植物，则被称为寄生植物，如寄生在大豆上的菟丝子，寄生在小麦茎、叶上的秆锈菌等。还有许多菌类，它们生活在腐败的生物体上，通过对有机物的分解摄取生活所需的养料，被称为腐生植物。寄生植物和腐生植物均属于非绿色植物或异养植物。但非绿色植物中也有少数种类如硫细菌、铁细菌，可以借氧化无机物获得的能量而自制养料，被称为化学自养植物。

6. 生命周期 植物的生命周期也有很大差别，有的细菌仅经过 $20\sim30min$ 即可分裂产生新个体；一年生和二年生的种子植物分别在一年中或历经两个年份的两个生长季才能完成生命周期；多年生的种子植物如草莓、菊花、杨、松可以生活多年，而有的树木树龄可长达数百年甚至上千年。

（三）浅谈植物的伟大"功绩"

1. 绿色植物的光合作用——合成有机物，释放氧气 光合作用是指绿色植物利用太阳光能，将简单的无机物（如二氧化碳和水）合成为复杂的有机物（如糖类），并释放出氧气的过程。同时，植物体内又进一步以糖类为基本骨架，将吸收的各种矿质元素如氮、磷、硫等合成蛋白质、核酸、脂类等物质。据资料介绍，地球表面的植物每年约合成 26 000 亿 t 有机物，其中海洋植物合成量占 90%，陆地植物合成量占 10%。这些有机物不仅解决了绿色植物自身的营养需要，而且还是人类、动物和非绿色植物的营养和能量的来源。光合作用释放的氧气能不断地补充大气中因生物呼吸和物质燃烧所消耗的气体，从而维持了自然界中氧的相对平衡，保证了生物生命活动的正常进行。

2. 非绿色植物的矿化作用——分解有机物，释放二氧化碳 自然界中有机物的分解主要有两个途径：一是通过生物的呼吸作用；二是通过非绿色植物的矿化作用。矿化作用是指非绿色植物如细菌、真菌、黏菌等把死亡的有机物分解成简单的无机物的过程。矿化作用还能够释放出大量的二氧化碳。光合作用需消耗大气中大量的二氧化碳，除了部分来自工业燃烧、火山爆发、生物呼吸放出外，主要依靠矿化作用来补充。从而使大气中的二氧化碳含量能够维持在相对稳定的水平（0.03%）。

总之，在自然界中，光合作用和矿化作用使物质进行不断的合成和分解，循环往复，进而维持生态平衡和促进生物的发展。

3. 植物在国民经济中的作用——人类赖以生存与发展的物质基础 植物不仅在自然界具有重大作用，与人类生活也有着密切的关系。它是人类赖以生存与发展的物质基础，人类的衣、食、住、行、医等都直接或间接地与植物有关。农林业生产的产品，如粮食、油料、糖料、蔬菜、果品、纤维、药材、木材等，都是植物的光合产物；工业生产上如食品、糖类、油脂、纺织品、医药、纸制品、橡胶、油漆、酿造品、化妆品等工业品，都直接或间接地依赖植物提供原料；人类生活的重要能源如煤炭、石油、天然气等也主要是由古代植物遗体经地质矿化所形成的。此外，植物对保持水土、改良土壤、保护环境、减少污染、绿化美化环境等都起着重要的作用。为此，绿化造林、保护植物资源的意义和责任重大，将有助于改善人类的生活环境，保护自然的生态平衡，造福子孙后代。

虽然我国的植物资源丰富，但由于人口众多，消耗极大，因此必须珍惜这些宝贵财富，使之更好地为经济建设服务。

4. 植物在植物生产类专业中的作用——研究的基础 植物基础主要研究植物形态结构的发育规律、生长发育的基本特性、类群进化与分类等内容。研究的目的是为了了解植物、利用植物和保护植物，更好地为工农业生产和人类生活服务。

（四）迈入《植物基础》的课堂

植物基础是一门植物科学研究的专业基础课，是为进一步学习后续课程、从事植物科学相关研究、探索更多的植物奥秘做准备的一门课程。

学习一门课程，教材非常重要，不同的教材有不同的特色，并且教材永远落后于科学的发展。因此，在学习的过程中，不能局限于教材，应博览群书，查阅相关的期刊资料，扩展知识面，了解学科的最前沿进展。其次，植物基础作为种植类专业的一门基础课程，最大特点就是实践性强，在学习过程中要多做、多想、多观察；实验课上大家要多动手、多接触；理论课上要多联系生产实际，并且学会通过静态图像的学习形成动态概念，通过代表植物的学习建立系统概念。

四、组织实施

1. 通过"植物的名字我知道""能吃的植物我知道""开花的植物我知道""结果的植物我知道"等热身小游戏，引导学生说一说：你喜欢植物吗？最喜欢什么植物？原因是什么？

2. 通过乔木、灌木、草本、藤本植物等多幅图片展示，分小组讨论：如果将这些植物分类，哪几个可以归为一类？理由是什么？

3. 展示水生、陆生植物的多幅图片，分小组讨论：如果将这些植物分类，哪几个可以归为一类？理由是什么？

五、课后探究

1. 利用网络搜索了解植物界中一些有趣的或奇异的物种。

2. 阅读有关空心莲子草的引进、用途、入侵过程及防除措施等资料。

3. 梳理一下生活中常见的杂草哪些具有药用价值，通过文献检索给出食用建议。

02 | 项目二
植物器官形态识别

知识目标

1. 了解根、茎、叶、花（花序）、果实和种子的功能、特征及营养器官的变态。
2. 会用形态术语描述常见植物的形态特征。

能力目标

1. 能熟练识别常见植物类型的根、茎、叶、花、果实、种子的形态特征。
2. 能根据形态特征区分常见的园艺（园林）植物。

素养目标

1. 欣赏自然界形形色色的植物，受到美育教育，陶冶情操。
2. 将中华优秀传统文化（古诗词中的根、茎、叶、花、果实和种子）与植物形态知识有机融合，提升文化自信和审美能力。

项目分析

丰富多彩的植物不仅点缀了我们的世界，也为我们提供了丰富的物质和能量。植物是生物圈中最基本、最重要的组成成分。植物体是怎么组成的呢？通过本项目的学习，一起探索植物体结构的奥秘。

仔细观察几种植株，说说它们是由哪几个部分构成的？每个部分各有什么功能？哪些与营养有关？哪些与繁殖有关？观察讨论后，对照植物指出结构名称。平时所说的根、茎、叶等，从构成植物体的结构层次上看，属于什么结构层次？然后归纳植物体是由什么构成的，从而加深对植物器官的认识，进一步了解植物在人类生活中的广泛应用。

被子植物的生长始于种子萌发，包括营养生长和生殖生长两个阶段。当植物完成由种子萌发到营养生长之后，植物的细胞经过分裂、生长和分化形成了各种组织。组织之间有机配合，紧密联系，形成了具有特定生理功能和显著形态特征的器官。其中担负营养功能的器官称为营养器官，包括根、茎、叶。有些植物的营养器官，为适应不同的环境或行使特殊的生理功能，其形态结构产生可遗传的变异，称为营养器官的变态。在营养生长过程中，随着花芽分化，植物转入生殖生长，然后开花、传粉、受精，形成果实和种子。由于花、果实和种子与植物的有性生殖有关，故称生殖器官。

本项目分解为 5 个任务，每个任务的建议学时为 2 学时。

任务一　根的形态识别

学习目标

1. 能熟练识别主根、侧根、不定根的形态特征。

2. 会区分直根系和须根系。

 任务要求

带土采挖植物，将土壤与根系分离，确保根系完整，要求至少含有 2 种直根系和须根系植物。

课前准备

1. 工具 放大镜、镊子、解剖针、铁铲、托盘、白纸、铅笔、彩笔。

2. 场地及材料 园艺作物生长大棚、园林绿地或盆花（包括双子叶植物及单子叶植物各 4 种以上）。

一、任务提出

1. 你见过哪些植物的根？列举 5 种以上，根据观察总结出根的特点和不同类植物根的区别。

2. 根系有几种类型？这些类型的区别是什么？

3. 如何区分主根、侧根和不定根？

二、任务分析

根是植物长期演化适应陆生生活的产物，是多数种子植物和蕨类植物所特有的器官。根一般生长于土壤中，成为植物体的地下部分。

通过比较、分类活动了解根的多样性，认识直根系和须根系。通过观察感受根系的庞大，它能够支持和固定整株植物体，使植株不会由于风吹雨打而倒伏，进一步理解"植物体越高大，根就扎得越深、分布越广"。为后续专业课程学习"根是植物吸收水肥的主要部位"奠定基础，以利于专业知识的系统建构。

三、相关知识

（一）根的生理作用

根系固着于土壤中，支持着植株地上部分；植物一生中所需水分基本由根从土壤中吸收，并向上输导至茎中；地上部分合成的有机养分及其他物质运输至根部后，亦通过根的输导组织运送到根的各部，维持根的生长和发育。根可合成多种有机物，如氨基酸、生物碱、植物激素等。有些植物的根，还有特殊的形态及相应的功能，如贮藏、繁殖、呼吸、攀缘等。在自然界中，根具有保护坡地、堤岸及防止水土流失的作用，并有一定的经济利用价值。

（二）根的类型

根据发生部位不同，可将根分为定根（主根和侧根）和不定根两大类。

1. 定根 种子萌发时，胚根突破种皮向地生长，形成主根。主根上产生的各级粗细不同的支根，均称为侧根。主根和侧根均发生于一定位置，统称为定根。

2. 不定根 有些植物可以从茎、叶、老根或胚轴上产生根，这类根的产生位置不固定，称为不定根（图 2-1）。

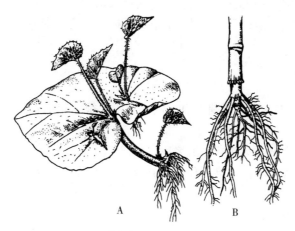

图 2-1 不定根

A. 秋海棠叶上生出的不定根与不定芽

B. 玉米下部茎节上生出的不定根（支柱根）

（三）根系的类型

一株植物上根的总和称为根系（图 2-2）。

1. 直根系 主根粗壮发达，各级侧根依次减弱，与主根区分明显，称为直根系。这是裸子植物和大多数双子叶植物根系的特征。

2. 须根系 主根不发达，生长缓慢或很早停止，主要由粗细相近、丛生状的不定根群组成的根系，称为须根系。这是多数单子叶植物的根系特征。

（四）根系在土壤中的生长和分布

根系在土壤中的生长状态，除了与根系自身的特性有关以外，还受生长环境条件影响，比如土壤的状况、地下水位的高低、光照等都会对根系造成一定的影响。了解根系在土壤中的生长分布情况，对于植物的合理密植、中耕施肥有重要的指导意义。

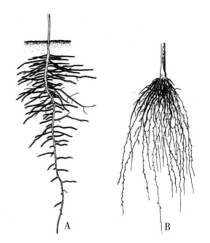

图 2-2 植物的根系

A. 棉花的直根系 B. 小麦的须根系

通常情况下，直根系常分布在较深的土层内，向土壤深层生长扩展，属深根性植物；而须根系的植物根系常常分布于相对较浅的土层，主要向宽处扩展，属浅根性植物。扦插植物、草本类植物，多属于浅根性植物；而实生苗和木本类植物，如树木，多属于深根性植物。有些植物的主根可深入到土层的 60cm 处，有些则可深达 2m 以上，甚至 3～5m，如银杏、水杉、枫杨等。而有些植物的根系则只能在表土层的 6～8cm，一般不超过 15cm 的土壤内进行活动，如小麦、水稻、韭菜等。

深根性植物和浅根性植物一般是相对而言的。常受到外界环境的影响而发生一定的改变，如深根性植物经过断根处理后则根系分布往往变浅。同一种植物如生长在排水良好、地下水位较低、肥沃的土壤中，根系就发达、分布较深；反之，根系就不发达、分布较浅。土壤根系的深浅，对园林绿化中栽植环境的选择有一定的影响。如在小区绿化时，小区一般建有地下车库，地上土壤厚度受到一定的影响，选择栽植树木和其他绿化植物时，就不能选用深根性植物，可以通过苗期灌溉、移栽、压条、扦插等人为处理使植物形成浅根系，以达到小区绿化的目的。

四、组织实施

1. 学生每 3~5 人为一组，识别主根、侧根和不定根，归纳直根系和须根系植物的形态特征。

2. 为根系拍照，画出根系并标注出名称，要求标注详细而清晰。

3. 点评与答疑：教师对各小组的任务完成情况进行点评，解答学生对本任务学习过程中提出的疑问。

4. 考核与评价（表 2-1）。

表 2-1　根的形态识别

名称		根的形态识别												
评价项目		考核评价内容	自评			互评			师评			总评		
			优秀	良好	加油	优秀	良好	加油	优秀	良好	加油	优秀	良好	加油
训练态度（10分）		目标明确，能够认真对待、积极参与												
团队合作（10分）		组员分工协作，团结合作配合默契												
实训技能	形态观察（20分）	材料准备充分，理论掌握到位												
	拍照、画图（20分）	图片特征明显，画图、标注详细而清晰												
	学习效果（20分）	特征描述准确，分析合理												
安全文明意识（10分）		不攀爬树木、围墙等，爱护植物、植被，不折大枝、不采花摘果												
卫生意识（10分）		实训完成及时打扫卫生，保持实训场所整洁												
综合评价														

五、课后探究

1. 深根系和浅根系植物在栽培养护和园林应用上有什么不同？

2. 根系在土壤中的分布受哪些条件的影响？

3. 列举根的经济利用价值及在保护坡地、堤岸及防止水土流失中的作用。

任务二　茎的形态识别

学习目标

1. 能指出茎或枝条上节、节间、叶痕、皮孔、芽鳞痕等所在位置，并能描述其主要特征。

2. 能区分直立茎、缠绕茎、攀缘茎和匍匐茎，并列举出常见代表植物。

任务要求

采集植物标本，要求枝条上有 3 个以上的节；拍摄植物照片，要求有不同类型的茎；给不同分枝类型的树木拍照。

课前准备

1. 工具　放大镜、镊子、解剖针、铁铲、托盘、白纸、铅笔、彩笔。

2. 场地及材料　园艺苗圃或景观园林绿地（包括针叶树、阔叶树、藤本、草坪草、地被植物 3 种以上）。

一、任务提出

1. 观察常见的植物的茎，根据茎的外形画图，制作成学习卡片。
2. 香樟、国槐、雪松和圆柏的树形有什么区别？为什么会有这样的区别？
3. 水杉、紫藤、爬山虎、草莓的茎各有什么特征？有何区别？
4. 区分单轴分枝、合轴分枝和假二叉分枝，并列举出相应的代表植物。

二、任务分析

茎除少数在地下外，一般生长于地上，连接着根和叶，并与叶形成庞大的枝系。

如果问起植物茎的形态，多数人都会说像直立的杆子。然而，在变化万千的大自然中，植物的茎并非都是人们通常所见的直立向上，而是变化多端、妙趣横生。要想辨识出变化多端的茎，首先我们要弄清楚茎的特点：茎是由什么发育来的？茎上有什么结构？茎的分枝方式有哪些？多数植物的茎垂直于地面生长，还有一些其他植物的茎攀附他物向上生长或附在地面生长，这就是茎的生长习性。

三、相关知识

（一）茎的生理功能

1. 支持作用　这是茎的主要功能。主茎和分枝形成植物体的支架，支持着叶、芽、花和果实的合理分布，利于它们通风透光、传粉、传播种子。

2. 输导作用　这是茎的另一主要功能。茎中分布着大量的输导组织，是植物体内物质上下运输的通道。根吸收的水分、无机盐等通过茎向上运输到叶、花、果实中；叶制造的光合产物也通过茎向下、向上运输到根及其他地上器官中。

3. 贮藏作用　茎具贮藏功能，尤其是一些变态茎，如莴苣、马铃薯、莲等植物，其变态茎中养分丰富，成为此类植物的经济器官。

4. 繁殖作用 茎可作为扦插、压条等营养繁殖的材料。这是因为茎的断面或茎节上可产生不定根，从而形成新的个体。此外，有些变态茎，如竹、芦苇的根状茎为繁殖的主要器官。

5. 光合作用 当茎中的细胞含叶绿体时，茎还可进行光合作用。一般植物的幼茎多含叶绿体，但也有些植物的茎整个生长期内都含叶绿体，如莴苣、蚕豆、小麦等。

此外，有的植物茎上的分枝形成茎刺、茎卷须等，从而行使保护、攀缘等功能，如山楂和南瓜等。

（二）茎的形态

茎的形态可从外形、枝条特征、质地类型生长习性、分枝与分蘖等方面来描述。

1. 茎的外形 从外形看，茎的形状多为圆柱形，如甘蔗、竹；少有三棱形的，如莎草；也有四棱形的，如蚕豆；多棱形的，如芹菜。

2. 枝条的特征 植物的主茎通常有各级分枝，具叶和芽的茎称为枝条。枝条自上而下具如下特征：顶端具有顶芽；枝条上着生叶的部位称节；相邻两节之间的部分称节间；叶与枝条的夹角为叶腋；叶腋处生出的芽为腋芽，也称侧芽；叶脱落后在枝条上留下的痕迹称叶痕；叶痕上突起的小点是叶柄维管束断离后的痕迹，称叶迹。木本植物枝条上尚有点状突起，称皮孔，是茎与外界气体交换的通道。此外，具鳞芽的木本植物，芽鳞片脱落后芽继续生长，在枝条上留下的痕迹称芽鳞痕，可利用它来判断枝条的年龄（图2-3）。

一年生枝条

二年生枝条

图 2-3 枝条的形态

3. 茎的质地 据茎的质地，可将茎分为木质茎和草质茎。木质茎中木质化细胞多，质地坚硬，并能生长多年。其中主干粗大明显，分枝相对较弱的称乔木，如松、杨；无主干或主干不明显，分枝从近地面部位开始的称灌木，如月季、茶。草质茎质地柔软，木质化细胞少，如一年生植物玉米、二年生植物油菜和多年生植物芦苇。

4. 茎的生长习性 据生长习性，可将茎大体分为4种：

（1）直立茎。为多数植物茎的生长习性。

（2）缠绕茎。茎细长，呈螺旋状缠绕于其他物体上向上生长，如牵牛花。

（3）攀缘茎。茎不能直立，需依靠卷须、吸盘等攀缘于其他物体上才能向上生长，如葡萄、瓜类。

（4）匍匐茎。茎卧地而生，在接触地面的茎节上生出不定根，如甘薯、草莓；有的卧地而生的茎节上无不定根，则为平卧茎。

5. 分枝和分蘖

（1）分枝。顶芽和侧芽发育、扩展的结果，形成植物地上部的茎、叶分枝系统即枝系。合理的分枝，有利于茎、叶等在空间协调分布，提高植物充分吸收阳光和利用环境中物质的能力。植物的分枝具有一定的规律性，不同植物形成枝系的方式不同。种子植物的分枝方式通常有单轴分枝、合轴分枝和假二叉分枝3种类型（图2-4）。

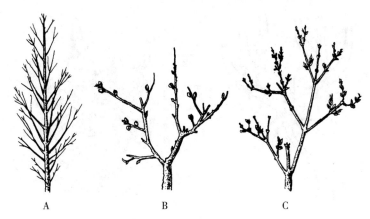

图 2-4　茎的分枝类型
A. 单轴分枝　B. 合轴分枝　C. 假二叉分枝
（王建书，2008. 植物学）

①单轴分枝。主茎的顶芽生长旺盛，形成直立粗壮的主干，而侧枝的发育远不如主茎；以后，侧枝又以同样方式形成次级侧枝，这种分枝方式称为单轴分枝，又称为总状分枝，如松树、杨树。

②合轴分枝。顶芽生长活动一段时间后死亡，或分化为花芽，或生长极慢，而靠近顶芽的一个腋芽迅速发育形成新枝，代替主茎继续生长。不久，这一新枝的顶芽又以同样方式停止生长，再由其一个腋芽萌发生长，如此进行下去。因此，这样形成的主轴是一段很短的主茎，与各级侧枝分段连接而成，故称为合轴，具有曲折、节间短和花芽较多等特点。许多农作物和果树，如棉、柑橘和苹果等，都具有这种分枝特性。在农业生产上常通过整枝、摘心等措施，人为地培育合轴分枝，以达到早熟和丰产的目的，如桃、梨、棉花的栽培。

③假二叉分枝。顶芽生长一段枝条后，停止发育或分化为花芽，而靠顶端的两个对生侧芽同时发育为新枝，新枝的顶芽和侧芽的生长活动与母枝相同，再生一对新枝，如此继续发育。这种分枝方式称为假二叉分枝，如茉莉、丁香等植物的分枝方式属于此种类型。假二叉分枝是合轴分枝的一种特殊形式。真正的二叉分枝是由顶端分生组织一分为二所致，多见于低等植物，苔类和卷柏的分枝也属此种方式。

（2）分蘖。禾本科植物近地面的茎节上产生分枝和不定根的现象，称为分蘖，如水稻、小麦。此种分枝方式与上述不同，在生长初期，茎的节间很短，几个节密集于基部。在 4～5 叶期，基部的某些腋芽开始活动，迅速抽生出新枝，并在新枝的节上形成不定根。产生分枝的节称为分蘖节。随后，新枝的基部又各自形成分蘖节，重复上述分蘖的过程。依次类推，可形成多次分蘖（图 2-5）。

此外，分蘖情况还受温度、养分、光照和水分等多种因素的影响。因此，在生产上加强管理可控制或促进分蘖，提高作物产量。

（三）芽的类型

芽是未发育的枝、花或花序的原始体。

按照芽着生的位置、结构、性质和生理状态的不同，可将芽进行如下分类（图 2-6）：

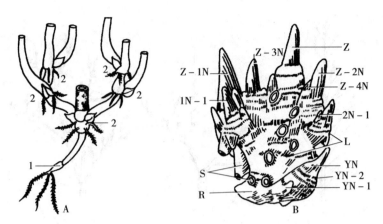

图 2-5　禾本科植物的分蘖

A. 分蘖图解　B. 有 8 个分蘖节的幼苗（示剥去叶的分蘖节）

1. 具初生根的谷粒　2. 生有蘖根的分蘖节

Z. 主茎；Z-1N、Z-2N……一级分蘖；1N-1、1N-2……二级分蘖；2N-1、2N-2……三级分蘖

L. 叶痕　S. 不定根　R. 根状茎　YN. 胚芽鞘分蘖　YN-1、YN-2……二级胚芽鞘分蘖

（朱念德，2006. 植物学）

1. 依据芽着生的位置分类　可分为定芽和不定芽。有规律地生长在枝条的一定位置的芽称为定芽。定芽又可分为顶芽和侧芽。凡不生在枝顶或叶腋，而是在根、叶或老茎等部位上形成的芽统称为不定芽，如甘薯块根上的芽、秋海棠叶上的芽等。农林生产上常利用植物能形成不定芽的特性进行营养繁殖。

2. 依据有无芽鳞片分类　可分为鳞芽和裸芽。有芽鳞片包被的芽称为鳞芽。温带木本植物大多为鳞芽，如梅、悬铃木和杨树等的芽，其芽被鳞片紧紧地包被，有利于抵御寒冷的冬季。无芽鳞片包被、直接暴露在外的芽称为裸芽。草本植物和生长在热带潮湿环境中的木本植物，如菊花、棉和枫杨等的芽都为裸芽。

3. 依据芽将发育成的器官性质分类　可分为枝芽、花芽和混合芽。枝芽是发育为营养枝的芽；花芽是发育为花或花序的芽（图 2-6）；混合芽是同时发育为枝、叶、花或花序的芽，如苹果的芽。通常花芽和混合芽的体积较枝芽大。

4. 依据芽的生理活动状态分类　可分为活动芽和休眠芽。活动芽是能在生长季萌发形成新枝、花或花序的芽，如一年生草本植物的芽；在生长季暂时不萌发，保持休眠状态的芽，称为休眠芽。休眠芽有利于植物体内养料的储备和调节，当条件适宜时休眠打破，休眠芽可转入活动状态。

四、组织实施

1. 学生每 3~5 人为一组，描述节、节间、皮孔、叶痕、芽鳞痕等的形态特征。

2. 描述芽的类型，归纳鳞芽植物和裸芽植物的特点。

3. 描述直立茎、缠绕茎、攀缘茎和匍匐茎的特征，归纳具有这 4 类茎的植物的共同特征。

4. 每组为 10 种植物拍照并画图，标注其主要形态特征。要求绘图正确、美观，标注详细而清晰。

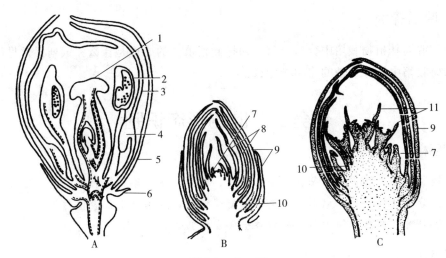

图 2-6 花 芽

A. 小檗花芽 B. 榆树花芽 C. 苹果花芽

1. 雌蕊 2. 雄蕊 3. 花瓣 4. 蜜腺 5. 萼片 6. 苞片

7. 叶原基 8. 幼叶 9. 芽鳞 10. 枝原基 11. 花原基

（陆时万，1991. 植物学）

5. 点评与答疑：教师对各小组的任务完成情况进行点评，解答学生对本任务学习过程中提出的疑问。

6. 考核与评价（表 2-2）。

表 2-2 茎的形态识别

名称		茎的形态识别												
评价项目		考核评价内容	自评			互评			师评			总评		
			优秀	良好	加油	优秀	良好	加油	优秀	良好	加油	优秀	良好	加油
训练态度 （10分）		目标明确，能够认真对待、积极参与												
团队合作 （10分）		组员分工协作，团结合作配合默契												
实训技能	形态观察 （20分）	材料准备充分，理论掌握到位												
	拍照、画图 （20分）	图片特征明显，画图、标注详细而清晰												
	学习效果 （20分）	特征描述准确，分析合理												
安全文明意识 （10分）		不攀爬树木、围墙等，爱护植物、植被，不折大枝												
卫生意识 （10分）		实训完成及时打扫卫生，保持实训场所整洁												
综合评价														

五、课后探究

1. 园艺或园林植物栽培中分株繁殖法和扦插繁殖法的原理是什么？试列举常见的植物。
2. 果树栽培中抹芽放梢的作用是什么？

任务三　叶的形态识别

学习目标

1. 能按照叶形、叶尖、叶基、叶缘、叶脉、叶序、复叶等特征将植物的叶分类。
2. 能区分单叶和复叶，识别不同类型的复叶特征，并列举出代表植物。
3. 能区分叶脉及叶序的类型，并列举出代表植物。

任务要求

1. 采集植物标本，包含下列特征：10 种以上的叶形；6 种以上的复叶类型；5 种以上的叶尖、叶基、叶缘；4 种以上的叶脉、叶质和叶序；2 种植物具有托叶。
2. 拍摄植物照片，根据不同类型的叶形、叶尖、叶基、叶缘、叶序、叶脉和复叶画图，制作成学习卡片。

课前准备

1. **工具**　放大镜、镊子、解剖针、托盘、白纸、铅笔、彩笔。
2. **场地及材料**　园艺作物生长大棚或园林绿地（包括裸子植物、双子叶植物、单子叶植物及含复叶植物 5 种以上）。

一、任务提出

1. 完全叶由哪几部分组成？
2. 平行脉和网状脉有何区别？
3. 单叶和复叶有何区别？
4. 叶序有哪几种类型？
5. 对照采集到的植物标本和学习卡片，对植物进行归类。

二、任务分析

叶是由叶原基发育而来的营养器官，是植物光合作用合成有机物的主要器官，是植物体观赏价值较高的部分，也是鉴别植物的依据之一。

通过看、摸、闻等方法比较叶在颜色、大小、硬度、形状、厚度、气味等方面的不同之处。通过观察、比较、分类、描述，发现叶的颜色大多数是绿色的，但也有其他颜色；叶的大小不同，形状多种多样；通过"猜叶子"的游戏，描述叶的特点。多数植物叶的正反两面颜色不一样，从而推测叶的内部结构，为学习"项目三　叶片的结构"及后续课程中"光合作用的场所"留下悬疑。

三、相关知识

（一）叶的生理功能

叶的主要生理功能为进行光合作用和蒸腾作用。

1. 光合作用 光合作用是绿色植物利用光能，同化二氧化碳和水，合成有机物质，同时释放氧气的过程。氧气是生物生存的必需条件，所产生的糖是植物生长发育所必需的有机物质，也是合成淀粉、脂肪、蛋白质等有机物质的重要原料。人类的食物和许多工业原料，都是叶进行光合作用直接或间接的产物。

2. 蒸腾作用 蒸腾作用是水分以气体状态从叶片散失到大气中的过程，在植物生活中有着积极的意义。它既是根系吸水和水分向上运输的主要动力，又有利于矿质元素在植物体内的运输，还可以降低叶片的表面温度，使叶片不致因温度过高而受损害。

此外，叶还有吸收的功能。根外施肥、喷施生长调节剂、农药和除草剂，都是通过叶表面的吸收进入植物体内而起作用的。有些植物的叶有贮藏功能，如甜叶菊、芦荟。还有些植物的叶能进行营养繁殖，在生产实践中，柑橘、秋海棠等常采用叶扦插的方法进行繁殖。

（二）叶的组成及形态

1. 叶的组成 一般植物的叶，由叶片、叶柄和托叶三部分组成，称为完全叶（图 2-7），如棉花、梨。缺少其中任何一部分或两部分的称为不完全叶，如甘薯、油菜等。

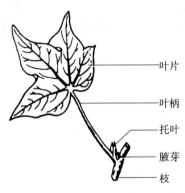

叶片

叶柄

托叶

腋芽

枝

图 2-7　完全叶

（王建书，2008. 植物学）

（1）叶片。通常是叶的绿色扁平部分，叶的光合作用和蒸腾作用主要是通过叶片进行的。叶片上分布着大小不同的叶脉，居中最大的为中脉，中脉的分支为侧脉，侧脉还可形成多级分支。

（2）叶柄。是叶片基部的柄状部分，其主要功能是输导和支持作用。叶柄还能扭曲生长，改变叶片的位置和方向，以充分接受阳光。

（3）托叶。是叶柄下方的附着物，其形状和作用随植物种类的不同而异（图 2-8）。如棉花的托叶为三角形；梨的托叶为线状；豌豆的托叶大，为卵形，具有光合作用的功能。

禾本科植物的叶与一般叶不同，它由叶片和叶鞘两部分组成（图 2-9）。叶片呈线形或带形，纵列平行脉序。叶鞘狭长而抱茎，具有保护、输导和支持功能。有些植物的叶片和叶鞘相连部位的内侧有膜质片状的叶舌，在叶舌两旁有一对突起的叶耳。叶舌和叶耳的形状、大小、色泽以及有无常为鉴定禾本科植物的依据之一。

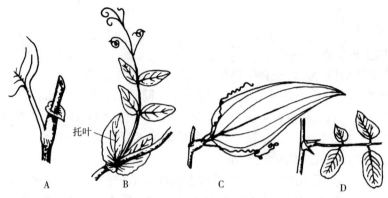

图 2-8　各种形状的托叶

A. 一种蓼科植物的托叶鞘　B. 豌豆的托叶　C. 一种菝葜属植物的卷须形托叶　D. 刺槐的针刺形托叶

（贺学礼，2007. 植物学）

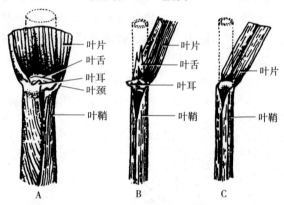

图 2-9　几种禾本科植物的叶

A. 甘蔗叶　B. 水稻叶　C. 小麦叶

（贺学礼，2007. 植物学）

2. 叶片的形态　叶片的形状随植物种类不同相差很大。

（1）叶形。叶片的形状以叶片的几何形状为基础，以长度与宽度的比例及最宽处所在的位置来确定，如榆、杏的叶为卵形，鸢尾、菠萝的叶为剑形（图 2-10）。

叶片的形状虽变化很大，但每一种植物仍有一定的形状，所以叶片是鉴定植物的依据之一。

（2）叶缘与叶裂。叶片的边缘称叶缘。叶缘完整无缺的称全缘，如甘蔗；叶缘像锯齿形的称锯齿缘，如桃；叶缘像牙齿形的称牙齿缘，如桑；叶缘凹凸像波浪的称波状缘，如茄（图 2-11）。

如果叶缘凹凸很深，称为叶裂。叶裂具有一定的形式，可分为羽状和掌状两种，每种又可分为浅裂、深裂和全裂 3 种。

叶裂不到或仅达叶片宽度 1/2 时称浅裂，如油菜、棉花；叶裂超过叶片宽度 1/2 而不到中脉或基部时称深裂，如蒲公英、蓖麻、葎草等；叶裂深达中脉或基部的称全裂，如木薯、马铃薯等（图 2-12）。

3. 叶脉的类型　叶脉根据它在叶片上的分布方式可分为网状脉和平行脉两种类型（图 2-13）。

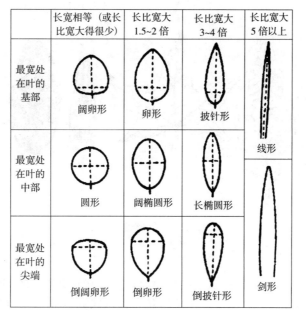

图 2-10　叶片的基本形状

（朱念德，2006. 植物学）

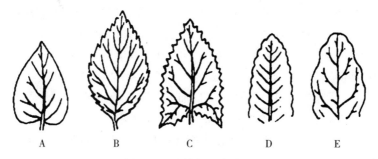

图 2-11　叶缘的基本类型

A. 全缘　B. 锯齿缘　C. 牙齿缘　D. 钝齿缘　E. 波状缘

（李名扬，2008. 植物学）

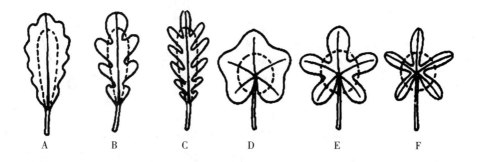

图 2-12　叶裂的基本类型

A. 羽状浅裂　B. 羽状深裂　C. 羽状全裂　D. 掌状浅裂　E. 掌状深裂　F. 掌状全裂

（贺学礼，2007. 植物学）

（注：图中虚线为叶片 1/2 的界线）

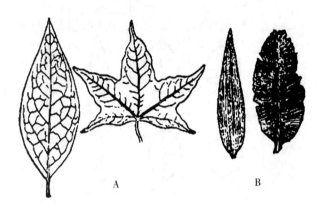

图 2-13　叶脉的类型

A. 网状脉　B. 平行脉

（贺学礼，2007. 植物学）

（1）网状脉。叶片上有一条或数条明显中脉，由中脉分出较细的侧脉，由侧脉再分出更细的小脉（也称细脉），各小脉交错连接成网状，称网状脉。双子叶植物一般为网状脉。凡侧脉由中脉向两侧分出，排成羽状的称羽状网脉，如桃、板栗等；如数条中脉汇集于叶柄顶端，开展如掌状的称掌状网脉，如葡萄、棉花等。

（2）平行脉。叶片中央有一条中脉，中脉两侧有许多侧脉，它们相互平行或近于平行，称平行脉。单子叶植物一般为平行脉。平行脉又可分为直出平行脉（如水稻、小麦）、弧状脉（如车前、玉簪）、横出脉（如香蕉、美人蕉）和射出脉（如棕榈、蒲葵）4 种。

（三）单叶和复叶

一个叶柄上所生叶片的数目，因植物不同而异，可分为两类：

1. 单叶　一个叶柄上只生一个叶片，如棉、桃和油菜。

2. 复叶　有二至多个叶片生于一个总叶柄（总叶轴）上。根据小叶数目及其着生方式，复叶可分为以下几种类型（图 2-14）：

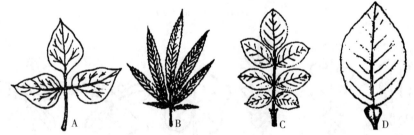

图 2-14　复叶的类型

A. 三出复叶　B. 掌状复叶　C. 羽状复叶　D. 单生复叶

（1）羽状复叶。小叶排列在总叶柄的两侧呈羽毛状。如果顶生小叶存在，小叶数目为单数，称为奇数羽状复叶，如槐树。如果顶生小叶缺，小叶数目为双数，则称为偶数羽状复叶，如花生。总叶轴的两侧有羽状排列的分支，分支上再生羽状排列的小叶，这种叶称二回羽状复叶。依此又有三回羽状复叶和多回羽状复叶。

（2）掌状复叶。小叶都生于总叶柄的顶端，呈掌状排列，如七叶树、大麻等。

（3）三出复叶。仅有 3 个小叶生于总叶柄上。如果 3 个小叶都生于总叶柄顶端，称为掌状三出复叶，如酢浆草。如果总叶柄顶端只生 1 个小叶，另外 2 个小叶在离开总叶柄顶端一段距离的两侧相对而生，称为羽状三出复叶，如大豆。

（4）单生复叶。相当于羽状三出复叶其两个侧生小叶退化而成，在总叶柄与顶生小叶连接处有一明显的关节，如柑橘。

（四）叶序

叶在茎上着生的方式称叶序。叶序可分为以下几种类型（图 2-15）：

1. 互生　每个节上只生 1 个叶，如小麦、桃、向日葵等。

2. 对生　每个节上相对而生 2 个叶，如芝麻、薄荷、丁香等。

3. 轮生　每个节上有 3 个或 3 个以上叶呈轮状着生，如夹竹桃、茜草等。

4. 簇生　叶着生在节间极度缩短的枝条上。如银杏、落叶松短枝上的叶。

5. 基生　整个茎或仅茎下部的节间极度缩短，形似从根上长出许多叶。这种叶序在草本植物中较为常见，如平车前、白菜、荠菜。相对于基生叶，其茎上部正常节上的叶称为茎生叶。

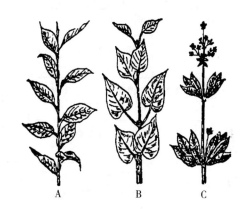

图 2-15　叶序的类型
A. 互生　B. 对生　C. 轮生
（贺学礼，2007. 植物学）

有的植物如向日葵，在同一植株上可发生两种叶序，其下部为对生，上部却为互生。

在各种叶序中，一般下部叶柄较长，上部叶柄较短；而且相邻部位节上的叶，排列方向不同，叶柄还可以转动，使同一枝条上的叶互不重叠，彼此镶嵌排列，可充分地接受阳光，这种现象称为叶镶嵌。

四、组织实施

1. 学生每 3～5 人为一组，每组画 10 种植物，并标注植物种类、枝条、托叶、叶柄、腋芽、叶序、复叶、叶脉、叶缘、叶裂、叶形、叶尖、叶基等形态特征。要求绘图正确、美观，干净无涂改，标注详细而清晰。

2. 找出具有完全叶的植物标本，描述托叶、叶柄和叶片的形态。

3. 观察禾本科植物的叶，描述叶鞘、叶舌、叶耳、叶环和叶片的形态。

4. 将采集到的植物标本按照互生、对生、轮生、簇生和基生的叶序进行分类，并描述叶的形态。

5. 将采集到的植物标本按照复叶和单叶进行分类，并描述判断其是复叶的依据以及复叶的类型。

6. 将采集到的植物标本按照叶脉的类型进行分类，并描述叶脉的类型。

7. 点评与答疑：教师对各小组的任务完成情况进行点评，解答学生对本任务学习过程中提出的疑问。

8. 考核与评价（表 2-3）。

表 2-3　叶的形态识别

名称		叶的形态识别											
评价项目	考核评价内容	自评			互评			师评			总评		
		优秀	良好	加油	优秀	良好	加油	优秀	良好	加油	优秀	良好	加油
训练态度（10分）	目标明确，能够认真对待、积极参与												
团队合作（10分）	组员分工协作，团结合作配合默契												
实训技能　形态观察（20分）	材料准备充分，理论掌握到位												
拍照、画图（20分）	图片特征明显，画图、标注详细而清晰												
学习效果（20分）	特征描述准确，分类分析合理												
安全文明意识（10分）	不攀爬树木、围墙等，爱护植物、植被，不折大枝												
卫生意识（10分）	实训完成及时打扫卫生，保持实训场所整洁												
综合评价													

五、课后探究

1. 在园林绿化中一般有哪些植物作为基础植物和主题植物？举例说明。

2. 哪些植物的叶色随季节而发生变化？植物叶色变化或彩叶树种可在园林造景中起到哪些美化作用？

任务四　营养器官的变态识别

学习目标

1. 能准确叙述营养器官变态的概念。

2. 能准确识别各种变态的营养器官。

任务要求

1. 联系生活和生产实际，归纳分析营养器官的变态类型。

2. 叙述本任务所列各营养器官变态的特点，各举出一种代表植物。

课前准备

1. 工具　放大镜、菜刀。

2. 材料　萝卜、胡萝卜的肉质直根，甘薯、大丽花的块根，玉米或甘蔗的支持根，常春藤的攀缘根，大蒜、洋葱、百合、水仙的鳞茎，荸荠、慈姑的球茎，马铃薯块茎，莲藕、狗牙根的根状茎，葡萄的茎卷须，山楂的枝刺，仙人掌的肉质茎，豌豆的叶。

一、任务提出

1. 举例说明什么是营养器官的变态。

2. 列举常见的同源器官和同功器官。

3. 如何区别茎刺、叶刺和皮刺？

二、任务分析

在人们的印象中，茎总是生长在地面以上，根则在地面以下。但是有些植物的根、茎却不是如此。例如，莲藕是从泥中挖出来的，多误以为根，其实，它是茎变态而来的，称为根状茎。在自然界中，有些植物的营养器官，由于适应不同的环境或担负特殊的生理功能，其形态结构发生变异，经历若干世代以后，越来越明显，并成为可遗传的特性，这种现象称为营养器官的变态。植物的根、茎、叶都有变态的现象。器官的变态不是病态，而是正常的现象，是植物主动适应环境的结果，能正常遗传。病态是植物在有害生物或不良环境下被动产生的伤害，不能遗传。

三、相关知识

（一）根的变态

1. 贮藏根　贮藏根通常生于地下，富含薄壁组织，贮藏大量养分。

（1）肉质直根。常见于二年生或多年生的草本双子叶植物，主要由主根发育而成，所以每株植物只有一个肉质直根。如萝卜、胡萝卜、甜菜和人参等。这些植物的营养主要贮藏在根内。肉质直根的上部由下胚轴发育而成，这一部位没有侧根发生；下部由主根基部发育而成，具有2纵列或4纵列侧根（图2-16）。

萝卜根的增粗主要是形成层活动的结果，产生的次生木质部比次生韧皮部发达。在木质部中又以木薄壁组织最发达，所占比例较大，贮藏大量养料，导管相对较少，没有纤维。在有些部位的木薄壁细胞可以恢复分裂能力，转变成副形成层，由副形成层再产生三生木质部和三生韧皮部，共同构成三生结构。次生韧皮部不发达，它与外面的周皮构成肉质直根的皮部（图2-17）。

胡萝卜的增粗主要是形成层活动形成大量次生韧皮部的结果。其中韧皮组织非常发达，贮藏大量养分，而木质部居中，仅占很小比例（图2-18）。

（2）块根。由不定根（营养繁殖的植株）或侧根（实生苗发育的植株）经过增粗生长而形成，在一株植物上可形成多个块根，其外形也不如肉质直根规则，如甘薯、大丽花、麦冬（图2-19）。

甘薯在栽插后20~30d，其不定根即开始膨大。开始是形成层活动产生次生结构，其中有

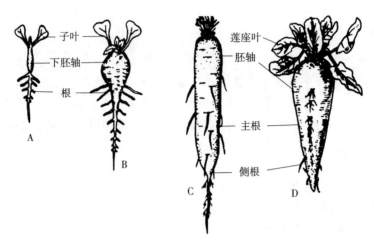

图 2-16 几种肉质直根的形态

A、B. 萝卜肉质直根的发育及外形 C. 胡萝卜肉质直根 D. 甜菜的肉质直根

（郑湘如，2006. 植物学）

图 2-17 萝卜肉质直根横切面

（强胜，2008. 植物学）

图 2-18 胡萝卜肉质直根横切面

（强胜，2008. 植物学）

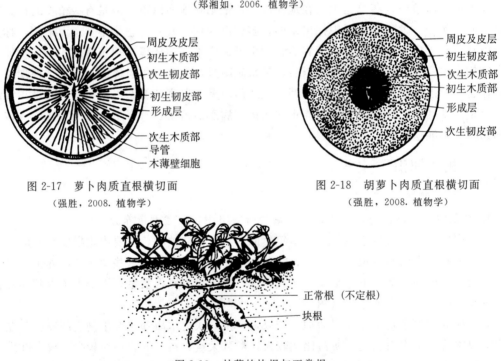

图 2-19 甘薯的块根与正常根

大量木薄壁组织和分散在其中的导管。以后，在许多导管周围的木薄壁细胞，恢复分生能力转变为副形成层，相继产生块根的三生结构。在三生结构的薄壁细胞中贮藏大量糖分和淀粉，在韧皮部中还有乳汁管。副形成层可多次发生而使块根不断膨大。

2. 气生根 气生根常生长在空气中，因功能不同分以下几类（图 2-20）：

（1）支持根。有些植物，如玉米、甘蔗等常从近地面的茎节上生出不定根伸入土中，并继续产生侧根，成为支持植物体的辅助根系，因此称为支持根。培土和施肥可促进不定根发生。此外，在榕树的树干上，也可产生多数不定根，这些根向下生长，穿入土中，并能通过次生生长逐渐增粗。

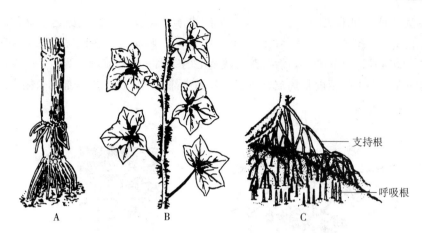

图 2-20　几种植物的气生根

A. 玉米的支持根　B. 常春藤的攀缘根　C. 红树的支持根和呼吸根

（陈忠辉，2007. 植物与植物生理）

（2）攀缘根。有些藤本植物，如凌霄、常春藤等的茎细长柔弱，不能直立，从茎的一侧产生许多不定根，这些根的根端扁平，易固着在其他树干、山石或墙壁等物体的表面而攀缘上升，称为攀缘根。

（3）呼吸根。一些生长在沼泽或热带海滩地带的植物，如水松、红松等，由于它们生长在泥水中，呼吸十分困难，因而有部分根垂直向上生长，进入空气中进行呼吸，称为呼吸根。呼吸根内部常有发达的通气组织。

3. 寄生根　有些寄生植物如菟丝子的茎缠绕在寄主茎上，它们的不定根变为吸器，伸入寄主体内，与寄主的维管组织相连通，吸取寄主的水分和有机养料供自身生长发育所需（图 2-21、图 2-22）。

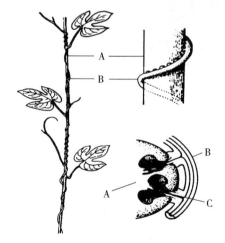

图 2-21　菟丝子的寄生根

A. 寄主　B. 菟丝子茎　C. 寄生根

（陈忠辉，2007. 植物与植物生理）

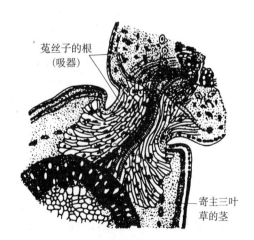

图 2-22　菟丝子寄生根纵剖面

（刘仁林，2008. 植物学）

（二）茎的变态

1. 地下茎的变态　地下茎均为变态茎，常见的有以下几种类型：

（1）块茎。是节间缩短的变态茎。最常见的块茎是马铃薯，它是由地下茎的先端膨大并积累养料所形成的（图2-23）。块茎的顶部有一个顶芽，四周有许多凹陷，称为芽眼，它相当于节的部位，幼时具退化的鳞叶，后脱落。块茎上的芽眼，作螺旋状排列，每个芽眼内有几个芽。块茎的内部结构由外至内是周皮、皮层、外韧皮部、形成层、木质部、内韧皮部及髓。

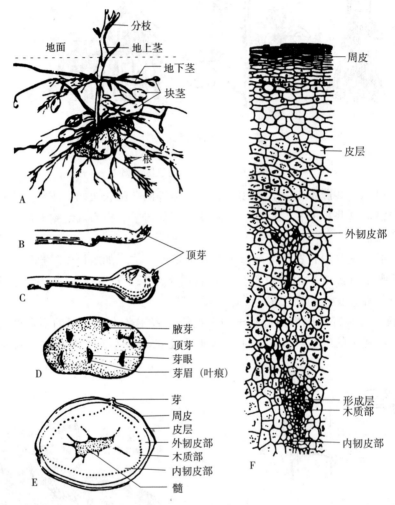

图 2-23　马铃薯的块茎

A. 植株外形　B~D. 地下茎前端积累养料膨大成块茎

E. 块茎横切面　F. 块茎横剖面的一部分细胞

（朱念德，2006. 植物学）

（2）鳞茎。是节间极度缩短的变态茎。洋葱、大蒜、百合、水仙等单子叶植物都具有鳞茎，并以此作为营养繁殖的器官。洋葱鳞茎基部有一个节间极度缩短的呈扁平状的鳞茎盘，其上部中央生有顶芽，四周有鳞叶层层包裹着（鳞叶为叶的变态），鳞叶的叶腋有腋芽（图2-24）。鳞茎盘下端可产生不定根。

（3）球茎。是圆球形或扁圆球状的地下茎。荸荠、慈姑的球茎都是由地下匍匐枝先端膨大而成（图2-25），唐菖蒲则是由主茎基部膨大而成。球茎有明显的节和节间，节上具褐色膜状物，即鳞片，为退化变态的叶，起保护作用。球茎的顶端有顶芽，有时有数个腋芽。

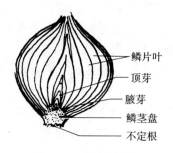

图 2-24　洋葱的鳞茎

（王建书，2008. 植物学）

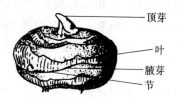

图 2-25　荸荠的球茎

（王建书，2008. 植物学）

（4）根状茎。外形与根很相似，但横生于土壤中，除顶端有顶芽外，还有明显的节和节间，节上有退化的鳞叶和腋芽。腋芽可长成地上枝，节上还可长出不定根。根状茎贮藏着丰富的营养物质，可生活一年至多年。耕锄时，它们往往被切断，但每一小段的腋芽仍可发育成新枝，故一般具根状茎的禾本科植物的杂草不但蔓延迅速，而且不易根除。芦苇、白茅、竹及姜、莲、菊芋等都具有不同形状的根状茎（图 2-26）。

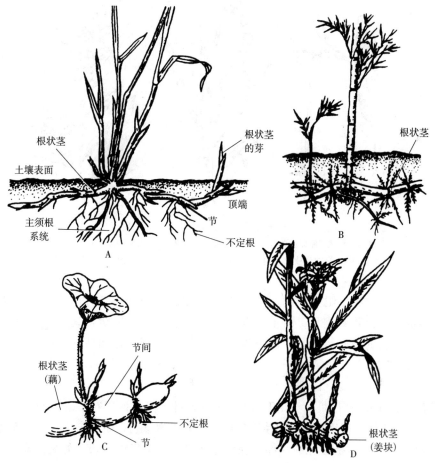

图 2-26　几种根状茎

A. 禾本科杂草　B. 竹　C. 莲　D. 姜

（张淑平，2008. 植物学）

2. 地上茎的变态 地上茎的变态有以下几种类型（图 2-27）：

（1）茎卷须（枝卷须）。有些藤本植物的部分腋芽或顶芽不发育成枝条而变为卷曲的细丝，其上不生叶，用以缠绕其他物体，使植物体得以攀缘生长，如瓜类、葡萄等。

（2）茎刺（枝刺）。有些植物如柑橘、山楂、皂荚的部分地上茎变态为刺，常生于叶腋。它由腋芽发育而成，不易剥落，具保护作用。

蔷薇、月季等茎上也有许多分布不规则的刺，它是与表皮毛相似的表皮突出物，称为皮刺。因它内部没有维管束与茎相连接，所以容易用手掰下，这可与茎刺相区别。

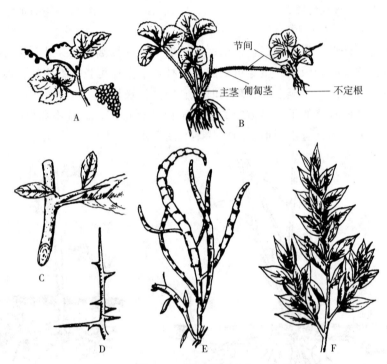

图 2-27 地上茎的变态

A. 葡萄的茎卷须 B. 草莓的匍匐茎 C. 山楂的茎刺

D. 皂荚具分枝的茎刺 E. 竹节蓼的叶状枝 F. 假叶树的叶状枝

（郑湘如，2006. 植物学）

（3）肉质茎。这种茎肥大多汁，常为绿色，不仅可以贮藏水分和养料，还可以进行光合作用。许多仙人掌植物具肉质茎，有球状、块状、多棱柱等形状，茎上有变成刺状的变态叶。莴苣也有粗壮的肉质茎，主要食用部分为发达的髓部及周围的韧皮部。

（三）叶的变态

叶的变态有以下 4 类（图 2-28）：

1. 苞片（苞叶） 苞片是生于花下面的一种特殊叶，具有保护花和果实的功能，如棉花外面的副萼为 3 片苞片。苞片数多而聚生在花序外围的称为总苞，如菊花、向日葵等菊科植物。

2. 叶卷须 叶卷须是由叶的一部分变成卷须状，适于攀缘生长。如豌豆复叶顶端的 2～3 对小叶变为卷须。

3. 鳞叶 叶变态成鳞片状，称为鳞叶。鳞叶有 3 种情况：一种是鳞芽外面的鳞叶，常具有茸毛和黏液，具有保护幼芽的功能；另外两种是地下茎上的鳞叶，分别有肉质和膜质两种，肉质鳞叶出现在鳞茎上，如洋葱、百合、水仙的鳞茎盘周围着生的许多肉质鳞叶，贮藏着丰富的养料。在肉质鳞叶的外面，还有少量膜质鳞叶，起保护作用。

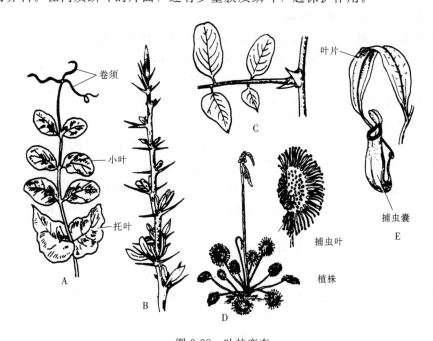

图 2-28 叶的变态

A. 豌豆的叶卷须 B. 小檗的叶刺 C. 刺槐的托叶刺

D. 茅膏菜的植株及捕虫叶 E. 猪笼草的捕虫瓶（叶片前端形成的变态）

（徐汉卿，1996. 植物学）

4. 叶刺 有些植物的叶或叶的某一部分变为刺状，称为叶刺。如仙人掌肉质茎上的刺由叶变成；刺槐、酸枣叶柄基部的一对叶刺由托叶变成。虽然叶刺来源不同，但对植物都具有保护作用。叶刺都有维管束与茎相通。

此外，有少数植物的叶变成捕虫叶，如猪笼草的叶呈瓶状；狸藻的叶呈囊状。它们的叶上具有分泌黏液和消化液的腺毛，能捕捉昆虫并消化其体内的蛋白质加以吸收，此类叶为食虫植物所特有。

（四）同功器官与同源器官

根据营养器官的来源或生理功能，将变态器官分为两类，即同功器官和同源器官。凡是来源不同，但形态相似、功能相同的变态器官称为同功器官，如茎刺与叶刺；茎卷须与叶卷须；块茎与块根等。凡是来源相同，但形态各异、功能不同的变态器官称为同源器官，如茎卷须、根状茎和鳞茎。

同功器官和同源器官的形成是由于被子植物在漫长的进化过程中，其营养器官长期处于某种环境条件下，在执行相似的生理功能过程中逐渐发生同功变态；而来源相同的营养器官，在长期适应不同的环境并执行不同的功能过程中则发生同源变态。

四、组织实施

1. 变态根的识别

（1）贮藏根的识别。取萝卜和胡萝卜观察，这类根是由主根和下胚轴膨大而形成的肉质肥大的直根，有贮藏功能，上部没有侧根发生，下部具有二纵列（萝卜）或四纵列（胡萝卜）侧根，因此称为肉质直根；取甘薯或大丽花的根观察，形状不规则，有贮藏功能，顶端无顶芽，四周无"芽眼"，称为块根。

（2）气生根的识别。取玉米根系观察，可见在近地面的茎节上生出了许多气生的、向下伸入土中的辅助根，这种不定根对玉米的生长起支持作用，称为支持根；取常春藤的一段蔓观察，茎细长柔弱，不能直立，并从茎的一侧产生许多短的、根端扁平的不定根，这些根能分泌黏液，易固着于他物表面，使茎向上攀缘生长，因此称为攀缘根。

2. 变态茎的识别

（1）地上茎变态的识别。取球茎甘蓝观察，可见其茎为球状，肉质肥大多汁、绿色，说明它不仅贮藏了营养，还可以进行光合作用，因此称为肉质茎；取葡萄枝条观察，可见在叶腋部位长出了卷曲的细丝，其上不生叶，用以缠绕其他物体，使葡萄得以攀缘生长，因此称为茎卷须；取山楂枝条观察，可见在叶腋部位长出了长形刺状物，它对茎起保护作用，因此称为茎刺。

（2）地下茎变态的识别。取莲藕或荸荠观察，可见顶端有顶芽，有明显的节和节间，节上有不定根和鳞片状的退化叶，叶腋中还有腋芽，外形似根，因此称为根状茎，它执行根的功能，也贮藏营养；取马铃薯块茎观察，可见顶端有顶芽，四周有许多"芽眼"，实际上它是节间缩短肉质的地下变态茎，称为块茎，具有贮藏营养的功能。取洋葱营养体剥去肉质肥厚的鳞叶后，可见到中央基部为一个扁平状而节间极短的鳞片状茎，称为鳞茎，它的功能特化、形态退化。

3. 变态叶的识别

（1）鳞叶的识别。取蒜（或洋葱）营养体纵切后观察，可见肉质肥厚的蒜瓣（或葱瓣）着生于鳞茎盘周围，贮藏丰富的营养，它是功能特化、形态退化的叶，称为鳞叶。

（2）叶卷须的识别。取豌豆叶观察，可见在复叶顶端长出了卷须，能攀缘他物使植株站立，这是小叶长出的卷须，称为叶卷须。

（3）叶刺的识别。取刺槐枝条观察，可见在复叶柄基部长出一对刺，起保护作用，这是托叶长成了刺状，称为托叶刺。

4. 点评与答疑 教师对各小组的任务完成情况进行点评，解答学生对本任务学习过程中提出的疑问。

5. 考核与评价 见表2-4。

表 2-4 营养器官的变态识别

名称	营养器官的变态识别											
评价项目	考核评价内容	自评			互评			师评			总评		
		优秀	良好	加油	优秀	良好	加油	优秀	良好	加油	优秀	良好	加油
训练态度 （10分）	目标明确，能够认真对待、积极参与												
团队合作 （10分）	组员分工协作，团结合作配合默契												

（续）

名称		营养器官的变态识别												
评价项目		考核评价内容	自评			互评			师评			总评		
			优秀	良好	加油	优秀	良好	加油	优秀	良好	加油	优秀	良好	加油
实训技能	形态观察（20分）	材料准备充分，理论掌握到位												
	变态器官类型区别（20分）	器官类型定位准确												
	学习效果（20分）	特征描述准确，分类分析合理												
安全文明意识（10分）		不攀爬树木、围墙等，爱护植物、植被，不折大枝												
卫生意识（10分）		实训完成及时打扫卫生，保持实训场所整洁												
综合评价														

五、课后探究

1. 植物的营养器官为什么会发生变态？举例说明其生态意义。

2. 如何区分同源器官和同功器官？各举一例说明。

任务五　花和花序的形态识别

 学习目标

1. 能准确说出花、花序的概念，会描述各花序的特点。

2. 能准确识别花的组成、雄蕊和雌蕊的类型。

3. 能准确说出常见植物花序的类型，会辨别花与植株的性别。

任务要求

1. 采集植物标本，要求包含花被、雄蕊、雌蕊及花序类型5种以上。

2. 拍摄植物照片，根据不同类型的花和花序，制作成学习卡片。

 课前准备

1. 工具　放大镜、镊子、解剖针、托盘、白纸、铅笔、彩笔。

2. 场地及材料　园艺作物生长大棚或园林绿地（植物含花被、雄蕊、雌蕊及花序类型5种以上）。

一、任务提出

1. 按照花被、雄蕊、雌蕊等特征对标本进行分类。
2. 按照花序特征对标本进行分类。

二、任务分析

被子植物的生长分为营养生长和生殖生长两个阶段。当植物完成从种子萌发到根、茎、叶形成的营养生长过程之后，便转入生殖生长，即在植物体的一定部位分化出花芽，继而开始开花、传粉、受精，最终形成果实和种子。

由于花、果实和种子与植物的有性生殖有关，故又称其为生殖器官。植物通过生殖，使种族得以延续和发展。果实和种子是被子植物有性生殖的产物，同时也是许多农作物的主要收获对象。所以学习植物生殖器官的形态、结构和发育的过程在植物生产中具有十分重要的意义。本任务将学习被子植物花和花序的组成、类型等内容。

三、相关知识

（一）花的发生与组成

1. 花芽分化　花芽分化是植物由营养生长转入生殖生长的重要标志。植物在进入花芽分化时，部分芽内的顶端分生组织不再分化成为叶原基，而是形成若干轮的小突起，成为花各部分的原基。茎尖的分生组织分化形成花或花序的过程，称为花芽分化。大多数植物花芽的分化，是依次按花萼、花冠、雄蕊、雌蕊的顺序进行的（图2-29）。当花的各部分原基形成后，芽的顶端分生组织就不再存在了。

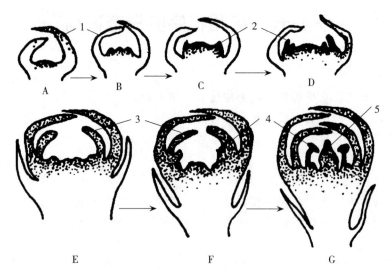

图 2-29　花芽的分化过程
1. 苞叶　2. 花萼　3. 花冠　4. 雄蕊　5. 雌蕊
（李扬汉，1984. 植物学）

有些植物的花芽只分化成一朵花，如梅、玉兰等。有些植物的花芽在分化过程中产生分枝，分化成许多花而形成花序，如杨、柳、泡桐、紫藤等。水稻、小麦、高粱和玉米等禾本科植物的花序形成，一般称为穗分化。

花芽分化的时期，因植物的种类和品种而不同，如苹果、梨等落叶果树，大部分在前一年夏季进行，花各部分的原基形成后，花芽转入休眠，第二年早春或春天开花；茶、山茶等秋冬开花的植物，则在当年夏天分化，无休眠期。

2. 花的组成 一朵典型的花由花柄、花托、花被（花萼、花冠）、雄蕊群、雌蕊群几部分组成。从形态发生和解剖结构特点看，花是节间极度缩短以适应生殖功能的变态短枝（图2-30）。一朵花中花萼、花冠、雄蕊和雌蕊齐全的称完全花；缺少其中任何一部分的，称不完全花。

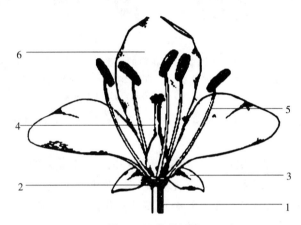

图 2-30　花的组成
1. 花柄　2. 花托　3. 花萼　4. 雌蕊　5. 雄蕊　6. 花冠
（郑汉臣，2008. 植物学）

（1）花柄。是着生花的小枝，不同植物的花柄长短不同，主要起支持和输送作用。

（2）花托。花柄顶端膨大的部分称为花托。花托的形状有多种，有的伸长呈圆柱状，如玉兰、含笑；有的凸起呈圆锥形，如草莓；也有的凹陷呈杯状，如桃、梅、蔷薇；还有的膨大呈倒圆锥形，如莲。

（3）花萼。花萼是植物花冠外面的被片，在花朵未开放时，起着保护花蕾和光合作用的功能。花萼多为绿色，有的植物花萼大而色艳，利于昆虫传粉，如一串红、绣球花等；有的植物花萼之外还有一轮绿色瓣片，称副萼，如棉。花萼一般由若干萼片组成。各萼片之间完全分离的称离生萼，如油菜、茶等；彼此连合的称合生萼，如丁香、棉等。萼片通常在开花后脱落，称落萼；但也有的不脱落，随果实一起发育而宿存的称宿萼，如番茄、柿、茄等。菊科植物如蒲公英、莴苣等的萼片变成毛状，称冠毛，有利于果实和种子的传播。

（4）花冠。花冠是一朵花中所有花瓣的总称，位于花萼的上部或内轮，排列成一轮或数轮。多数植物的花瓣由于细胞内含有花青素或有色体而呈现鲜艳的颜色，有的还能分泌蜜汁和味道，所以，花冠除具有保护雌蕊、雄蕊外，还有招引昆虫传送花粉的作用。

按花瓣的离合情况，花冠可分为离瓣花冠和合瓣花冠两种（图2-31）。

①离瓣花冠。一朵花中的花瓣基部彼此完全分离的称离瓣花冠，这种花称离瓣花。常见的离瓣花冠有：

a. 蔷薇型花冠。由5个花瓣排列成五星辐射状，如桃、月季、梅、梨等。

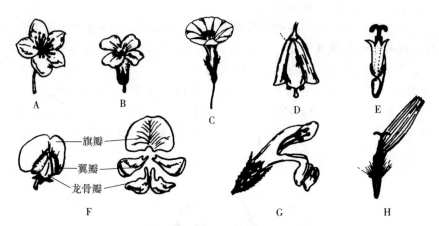

图 2-31 花冠的类型

A. 蔷薇形花冠　B. "十"字形花冠　C. 漏斗状花冠　D. 钟状花冠　E. 筒状花冠

F. 蝶形花冠　G. 唇形花冠　H. 舌状花冠

b. "十"字形花冠。由 4 个花瓣排列成 "十"字形，为十字花科植物的特征之一，如油菜、白菜、二月兰、萝卜等。

c. 蝶形花冠。花瓣 5 片离生，花形似蝶。花冠外面一片最大的称旗瓣，两侧的称翼瓣，最里面的两瓣，顶部稍联合或不联合，称龙骨瓣，如花生、大豆、紫荆、皂荚等。

②合瓣花冠。一朵花的花瓣，全部连合或基部互相连合的，称合瓣花冠，这种花称合瓣花。连合的部分称花冠筒，分离的部分称花冠裂片。常见有以下几种：

a. 唇形花冠。花冠下部合生成管状，上部裂片呈上下二唇，如薄荷、芝麻、紫苏等。

b. 漏斗状花冠。花冠下部合生成漏斗状，如牵牛、打碗花、甘薯等。

c. 钟状花冠。花冠合生成宽而较短的筒状，上部展开似钟形，如南瓜、桔梗等。

d. 筒状花冠。花冠合生成圆筒状或管状，上下粗细相似，花冠裂片向上伸展，如菊科植物向日葵、菊花等花序中央的盘花。

e. 舌状花冠。花冠筒较短，花冠裂片向一侧延伸成舌状，如菊科植物蒲公英、向日葵花序周边的边花，莴苣花序的花，全为舌状花。

（5）雄蕊。种子植物产生花粉的器官。位于花冠的内侧，每个雄蕊由花丝和花药两部分组成。花丝细长，花药着生于花丝的顶端。

雄蕊的数目及类型是鉴别植物的标志之一。雄蕊根据离合情况，有如下类型（图 2-32）。

①离生雄蕊。花中全部雄蕊各自分离，如蔷薇、石竹等。典型的类型有：

a. 二强雄蕊。花中雄蕊 4 枚，2 长 2 短，如芝麻、泡桐、益母草等。

b. 四强雄蕊。花中雄蕊 6 枚，4 长 2 短，如萝卜、白菜等。四强雄蕊为十字花科植物所特有。

②合生雄蕊。花中各雄蕊形成不同程度的连合，主要的有：

a. 单体雄蕊。雄蕊多数，其花丝下部连合成花丝筒，花丝上部和花药仍相互分离，如木槿、棉花。

b. 二体雄蕊。雄蕊 10 枚，其中 9 枚花丝连合，1 枚单生，如大豆、紫藤。

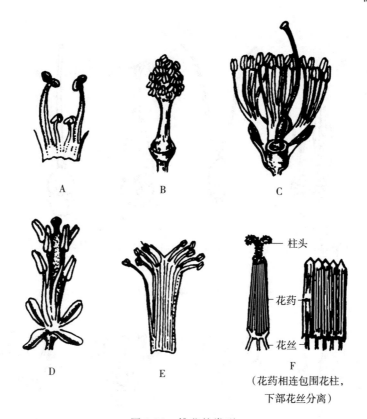

图 2-32　雄蕊的类型

A. 二强雄蕊　B. 单体雄蕊　C. 多体雄蕊　D. 四强雄蕊　E. 二体雄蕊　F. 聚药雄蕊

c. 多体雄蕊。雄蕊多数，花丝基部连合成多束，上部分离，如蓖麻、金丝桃、椴树等。

d. 聚药雄蕊。花丝分离，花药聚合成筒状，如向日葵、菊花、南瓜、凤仙花等。

（6）雌蕊。位于花的中央部分。雌蕊由一个或数个变态叶所组成，这种变态叶称为心皮。心皮卷合时，其边缘相互连合处称腹缝线，叶片中脉处称背缝线。

雌蕊包括柱头、花柱和子房三部分。柱头位于雌蕊顶端，略为膨大，是接受花粉的地方。柱头的形状因植物不同而不同，有头状、羽毛状、盘状等。柱头与子房之间的部分，称为花柱，是花粉管进入子房的通道。雌蕊基部膨大的部分称为子房。子房最外层为子房壁，内有一个或几个子房室。每个子房室内有一至多个胚珠。受精后子房会发育成果实，里面的胚珠则发育成种子。

①雌蕊的类型。根据雌蕊中心皮的数目和离合，雌蕊可分为：

a. 单雌蕊。一朵花中的雌蕊只由一个心皮构成，如大豆、花生、桃、李等。

b. 离生单雌蕊。一朵花中有数个彼此分离的单雌蕊，如木兰、八角、草莓、莲、毛茛等。

c. 合生雌蕊（复雌蕊）。一朵花中有一个由 2 个或 2 个以上心皮合生构成的雌蕊，如柑橘、油菜、梨、棉花、小麦等（图 2-33）。

②子房的位置。根据子房在花托上着生的位置和与花托连合的情况，子房可分为下列类型（图 2-34）。

a. 上位子房。是指子房仅以底部与花托相连。如果花萼、花冠、雄蕊着生的位置低于

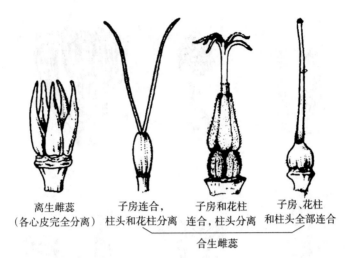

离生雌蕊
（各心皮完全分离）　子房连合，柱头和花柱分离　子房和花柱连合，柱头分离　子房、花柱和柱头全部连合

合生雌蕊

图 2-33　雌蕊的类型

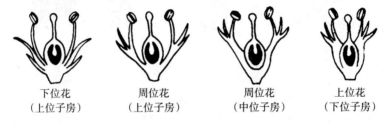

下位花（上位子房）　　周位花（上位子房）　　周位花（中位子房）　　上位花（下位子房）

图 2-34　子房位置的类型

子房，称上位子房下位花，如油菜、牡丹、毛茛、玉兰等。如果花托呈杯状，花被、雄蕊着生于杯状花托的边缘，这种花称上位子房周位花，如桃、李等。

b. 中位子房。子房的下半部陷于杯状花托中，并与花托愈合，上半部仍露在外，花被和雄蕊着生于花托的边缘，称中位子房，其花称周位花，如马齿苋、甜菜、菱角等。

c. 下位子房。子房埋于下陷的花托中，并与花托愈合，花的其余部分着生在子房的上面花托的边缘，称下位子房，其花称为上位花，如苹果、梨、南瓜、向日葵等。

③胎座的类型。胚珠通常沿心皮的腹缝线着生于子房中，着生的部位称胎座。因心皮卷合形成雌蕊的情况不同，胎座也有几种情况（图 2-35）。

a. 边缘胎座。单雌蕊，子房一室，胚珠生于心皮的腹缝线上，如豆类。

b. 侧膜胎座。合生雌蕊，子房一室或假数室，胚珠生于心皮的边缘，如黄瓜、油菜、西瓜等。

c. 中轴胎座。合生雌蕊，子房数室，各心皮边缘聚于中央形成中轴，胚珠着生在中轴上，如棉花、柑橘、苹果、茄、番茄等。

d. 特立中央胎座。合生雌蕊，子房一室或不完全的数室，子房室的基部向上有一个短的中轴，但不达到子房顶，胚珠生于此轴上，如石竹、马齿苋等。

e. 基生胎座和顶生胎座。胚珠生于子房室的基部（如向日葵）或顶部（如桃、梅、桑）。

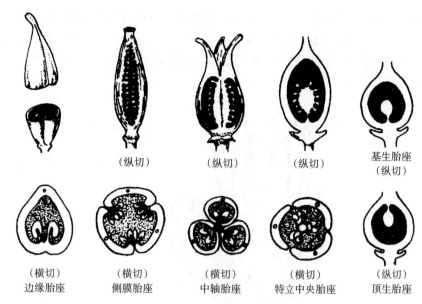

（纵切）　　　　　（纵切）　　　　　（纵切）　　　基生胎座
　　　　　　　　　　　　　　　　　　　　　　　　（纵切）

（横切）　　　　　（横切）　　　　　（横切）　　　　（横切）　　　　（纵切）
边缘胎座　　　　　侧膜胎座　　　　　中轴胎座　　　特立中央胎座　　　顶生胎座

图 2-35　胎座的类型

3. 禾本科植物花的组成　小麦、水稻、玉米、高粱等禾本科植物的花，其基本组成单位是小穗，小穗由 1 至多朵小花与 1 对颖片组成，颖片位于小穗的基部。

现以小麦、水稻为例说明。这些花的花被色彩单一，退化成膜状片或鳞状片，且不具香气。小麦的麦穗是复穗状花序，花序主轴上两侧着生有许多小穗，在每一小穗基部有明显的 2 枚颖片，颖片内包含有几朵小花，通常基部的 2～3 朵花发育正常，能育，可以结实。每朵能育花的外面有外稃和内稃各 1 片。外稃的中脉明显，并延长成芒；内稃则无显著的中脉和芒。在内稃的内侧基部有 2 枚浆片。花的中央有 3 枚雄蕊和 1 枚雌蕊，雌蕊具 2 个羽毛状柱头。开花时，浆片吸水膨胀，撑开外稃和内稃，露出雄蕊和柱头，适合风力传粉（图 2-36）。

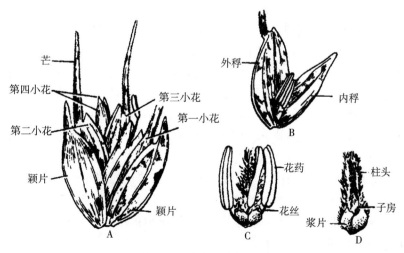

图 2-36　小麦小穗的组成
A. 小穗　B. 小花　C. 雄蕊　D. 雌蕊和浆片

水稻是圆锥花序，由穗轴、枝梗及许多小穗组成。水稻的小穗有柄，基部的 2 枚颖片极退化，仅留有 2 个小突起。每个小穗有 3 朵小花，但是只有上部的 1 朵小花能结实，下部的 2 朵小花退化，各只剩下 1 枚外稃。水稻的结实小花有外稃、内稃各 1 枚，浆片 2 枚，雄蕊 6 枚，雌蕊 1 枚（图 2-37）。

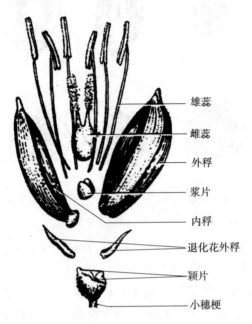

图 2-37　水稻小穗的组成

雄蕊
雌蕊
外稃
浆片
内稃
退化花外稃
颖片
小穗梗

（二）花序

有些植物的花单独着生于叶腋或枝顶，称单生花，如棉花、桃、广玉兰等。但大多数植物是许多花按一定顺序着生在花轴上，称为花序。

根据花轴的生长和分枝方式，开花顺序及花柄长短，可把花序分为无限花序和有限花序两大类型。

1. 无限花序　花轴在开花期间顶端可以继续生长，开花的顺序是自下而上，由外而内（由边缘及中央）。常见的有以下几种（图 2-38）。

（1）总状花序。花序轴长，其上着生许多花柄大致等长的花，如油菜、大豆等。有些植物的花序轴具有若干次分枝，如每个分枝构成一个总状花序时，称复总状花序，又因整个花序形如圆锥，又称圆锥花序，如水稻、燕麦、葡萄、女贞、玉米雄花序等。

（2）穗状花序。长长的花序轴上着生许多无柄或柄极短的花，如车前等。如花序轴上的每个分枝构成一个穗状花序，称复穗状花序，如小麦、大麦等花序。穗状花序的花轴膨大呈肉质，着生许多无梗花，称为肉穗花序，如马蹄莲、玉米的雌花序。

（3）伞形花序。花序轴顶端集生很多花柄几乎等长的花，全部花排列成圆顶状，呈伞骨状，如人参、常春藤、韭菜及五加科植物等。如果花轴顶端分枝，每一分枝构成一伞形花序，称复伞形花序，如胡萝卜、茴香等。

（4）伞房花序。花序轴较短，其上着生许多花柄但不等长，下部的花柄长，上部的花柄短，整个花几乎排成一个平面，如梨、苹果、山楂的花序等。

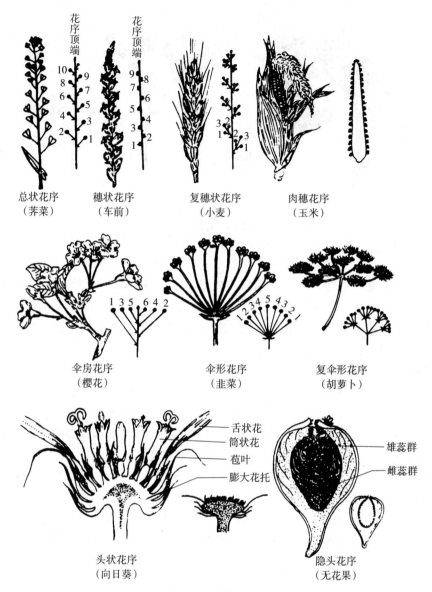

图 2-38 无限花序

（5）柔荑花序。花序轴长而细软，常下垂，许多单性花排列于其上，花缺少花冠或花被，开花后或结果后整个花序一齐脱落，如柳、杨、桑以及板栗和胡桃的雄花序。

（6）头状花序。花序轴短或宽大，常膨大为球形、半球形或盘状，其上着生无柄或近无柄的花，如三叶草、喜树、向日葵等植物。

（7）隐头花序。花序轴顶端膨大，中央部分凹陷如囊状，内壁着生许多无柄或短柄花，如无花果、榕树等。

2. 有限花序　有限花序又称聚伞花序，花序轴为合轴分枝，因此花序顶端或中央的花先开，开花的顺序是自上而下，由内而外，因而花轴的伸长受到限制，如甘薯、番茄、马铃薯等（图 2-39）。根据轴分枝与侧芽发育的不同，可分为单歧聚伞花序（如附地菜、勿忘我等）、二歧聚伞花序（如卷耳等）、多歧聚伞花序（如泽漆等）、轮伞花序（如益母草等）。

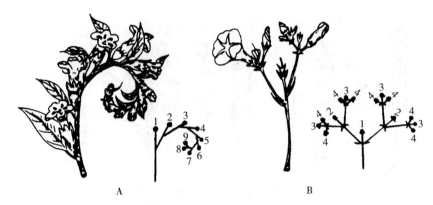

图 2-39　有限花序
（右侧为图解，数字为开花顺序）
A. 单歧聚伞花序（聚合草）　　B. 二歧聚伞花序（牵牛花）

在自然界中，有些植物是有限、无限花序混生，如葱、韭是伞形花序（为无限花序），但却是中间的花先开，这是有限花序的特点；水稻是圆锥花序（为无限花序），却是上部枝梗的花先开，下部的花后开，每个枝梗上又是顶端的花先开，而后自下而上顺序开花，这又具有有限花序的特点。

（三）花与植株的性别

1. 花的性别　自然界中，不是所有的花都有雄蕊和雌蕊，我们将同时具有雄蕊和雌蕊的花称为两性花，如小麦、水稻、大豆、桃等的花；只具有雌蕊或雄蕊的花，称单性花。在单性花中，只具雄蕊的称雄花，只具雌蕊的称雌花。雄蕊和雌蕊都没有的，称为无性花或中性花，如八仙花周边的不孕花及向日葵花序周边的舌状花。

2. 植株的性别　单性花的植物，雌花和雄花若生于同一植株上的，称为雌雄同株，如玉米、蓖麻等。雌花和雄花分别生于不同的两棵植株上的，称为雌雄异株，如银杏、杨、柳、菠菜等。只有雄花的植株，称为雄株；只有雌花的植株，称为雌株。如一株植物上既有两性花，又有单性花或无性花，则称为杂性同株，如柿、荔枝、向日葵等。

四、组织实施

学生每 3~5 人为一组，通过观察分析并对照图片或相关专业书籍，记载不同种类植物花的形态、颜色、大小等特征。

1. 花柄、花托、花被（花萼、花冠）的识别　取油菜花仔细观察，花的基部是花柄，花柄顶端略为膨大的，节间极短的部分即为花托。花柄和花托皆为绿色。着生于花托上位于花的最外一轮，由 4 个萼片组成且基部相连呈绿色的部分即为花萼。花萼内一轮呈"十"字形排列的 4 个颜色鲜艳的花瓣即为花冠。

2. 雄蕊的识别　取油菜花仔细观察，在花冠内一轮有 6 枚（4 长 2 短）细丝，且顶端着生花药的部分即为雄蕊。

3. 雌蕊的识别　取油菜花仔细观察，位于花的中央顶端略为膨大而下部大部分膨大的部分，就是花的雌蕊。

4. 绘图　每组拍摄 5 种植物的花并画图，标注植物种类、花柄、花托、花萼、花冠、雄蕊、雌蕊等形态特征。要求绘图正确、美观，干净无涂改，标注详细而清晰。

5. 点评与答疑 教师对各小组的任务完成情况进行点评，解答学生对本任务学习过程中提出的疑问。

6. 考核与评价 见表2-5。

表2-5 花的形态识别

名称		花的形态识别												
评价项目	考核评价内容	自评			互评			师评			总评		
		优秀	良好	加油	优秀	良好	加油	优秀	良好	加油	优秀	良好	加油
训练态度（10分）	目标明确，能够认真对待、积极参与												
团队合作（10分）	组员分工协作，团结合作配合默契												
实训技能 形态观察（20分）	材料准备充分，理论掌握到位												
实训技能 花的组成、类型区别（20分）	花组成、花序类型定位准确												
实训技能 学习效果（20分）	特征描述准确，分类分析合理												
安全文明意识（10分）	不攀爬树木、围墙等，爱护植物、植被，不折大枝												
卫生意识（10分）	实训完成及时打扫卫生，保持实训场所整洁												
综合评价													

五、课后探究

1. 花生受精后，没有伸进土中的子房虽然也稍有膨大，但不能正常结实，这是为什么？

2. 街道两旁的银杏树，到了秋天有的能结出白果，有的不能，这是为什么？

3. 是否所有的植物都有六大器官？是否绿色开花植物的每个时期都有六大器官？六大器官是否一定同时存在于一株植物上？

03 项目三
植物微观结构的观察

知识目标

1. 掌握细胞、组织、器官的概念。
2. 掌握各种组织的细胞特征、各器官的亚显微结构。

能力目标

1. 能熟练使用显微镜，会利用显微镜观察各种切片。
2. 能制作临时装片。
3. 学会生物绘图方法，能绘出显微镜下结构图。

素养目标

1. 在植物微观世界的科学探究中锻炼合作能力、实践能力和创新能力。
2. 树立大食物观，增强中国人的饭碗牢牢端在自己手中的责任意识。

项目分析

在学完植物器官形态特征之后，学生对植物体的结构组成有了一定的感性认识。本项目通过解剖、显微镜观察细胞、组织、器官，识别构成植物体的几种主要组织，阐明构成植物体的各种组织是通过细胞分裂和分化形成的。从宏观层面逐渐过渡到微观层面，概述出植物体的结构层次：细胞→组织→器官→植物体。通过对植物体结构层次的学习，进一步形成器官和结构与功能相适应，生物体是一个统一整体的生物学观点。

本项目共分为9个任务，其中任务一建议学时为2学时，任务二、任务三、任务四、任务八、任务九建议各4学时，任务五、任务六、任务七建议各6学时。

任务一　显微镜的结构和使用方法

学习目标

1. 了解显微镜的结构及各部分的作用，掌握显微镜的使用方法。
2. 会使用显微镜观察植物的微观结构。

任务要求

网络搜索显微镜的起源和植物结构的显微图片。

课前准备

1. 工具　显微镜。

2. 场地及材料　显微镜实验室、字母"e"切片、红绸切片、擦镜纸、二甲苯。

一、任务提出

1. 显微镜包含哪些结构？各有什么功能？
2. 怎样正确使用显微镜？
3. 显微镜使用过程中，常见问题的解决方法是什么？
4. 怎样正确地归还显微镜？

二、任务分析

从17世纪人类发明了光学显微镜到20世纪30年代以后电子显微镜研制成功，许多光学显微镜下所看不到的更精细的结构可以被观察到。人们把在光学显微镜下呈现的细胞结构称为显微结构，而把电子显微镜下看到的更为精细的结构称为亚显微结构或超微结构。

显微镜是植物显微结构观察中经常使用的工具，借助显微镜可以观察很多肉眼难以发现的显微结构特征。完成该学习任务，一要能辨别显微镜的各组成部分名称及作用；二要能熟练规范地使用显微镜；三要会保养显微镜。

三、相关知识

（一）显微镜的构造

显微镜的种类不尽相同，但目前使用的多是复式显微镜，其构造分为机械部分和光学部分（图3-1、图3-2）。

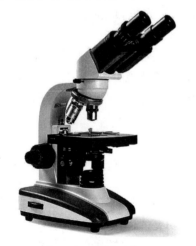

图 3-1　显微镜的外观

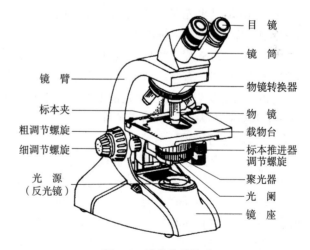

目　镜
镜　筒
物镜转换器
物　镜
载物台
标本推进器调节螺旋
聚光器
光　阑
镜　座

镜　臂
标本夹
粗调节螺旋
细调节螺旋
光　源（反光镜）

图 3-2　显微镜的构造

1. 机械部分

（1）镜座。是显微镜的底座，用以支持整个镜体。

（2）镜柱。是镜座上面直立的部分，用以连接镜座和镜臂。

（3）镜臂。一端连于镜柱，一端连于镜筒，是取放显微镜时的手握部位。

（4）镜筒。连在镜臂的前上方，镜筒上端装有目镜，下端装有物镜转换器。

（5）物镜转换器（旋转器）。接于镜筒的下方，可自由转动，盘上有3～4个圆孔，是安装物镜部位，转动转换器，可以调换不同倍数的物镜，当听到碰叩声时，方可进行观察，此时物镜光轴恰好对准通光孔中心，光路接通。

（6）载物台。在镜筒下方，形状有方、圆两种，用以放置玻片标本，中央有一通光孔，载物台上装有玻片标本推进器（推片器），推进器左侧有弹簧夹，用以夹持玻片标本，右侧有推进器调节轮，可使玻片标本作左右、前后方向的移动。

（7）调节轮。是装在镜柱上的大小两种螺旋，调节时使镜筒作上下方向的移动。

①粗调节轮（粗准焦螺旋）。移动时可使镜筒作快速和较大幅度的升降，所以能迅速调节物镜和标本之间的距离，使物像呈现于视野中，通常在使用低倍镜时，先用粗调节轮迅速找到物像。

②细调节轮（细准焦螺旋）。移动时可使镜筒缓慢地升降，多在运用高倍镜时使用，从而得到更清晰的物像，并借以观察标本的不同层次和不同深度的结构。

2. 光学部分

（1）目镜。装在镜筒的上端，通常备有 2～3 个，上面刻有 "5×" "10×" "15×" 符号，以表示其放大倍数，一般是 "10×" 的目镜。

（2）物镜。装在镜筒下端的旋转器上，一般有 3～4 个接物镜，其中最短的刻有 "10×" 符号的为低倍镜，较长的刻有 "40×" 符号的为高倍镜，最长的刻有 "100×" 符号的为油镜，此外，在高倍镜和油镜上还常加有一圈不同颜色的线，以示区别。

显微镜的放大倍数＝目镜的放大倍数×物镜的放大倍数。如目镜为 "16×"，物镜为 "10×"，其放大倍数就是 16×10。

（3）反光镜。装在镜座上面，其作用是将光源光线反射到聚光器上，再经通光孔照明标本。

（4）集光器（聚光器）。位于镜台下方的集光器架上，由聚光镜和光圈组成，其作用是把光线集中到所要观察的标本上。

①聚光镜。由一片或数片透镜组成，起汇聚光线的作用，加强对标本的照明，并使光线射入物镜内，镜柱旁有一调节螺旋，转动它可升降聚光器，以调节视野中光亮度的强弱。

②光圈（虹彩光圈）。在聚光镜下方，由十几张金属薄片组成，其外侧伸出一柄，推动它可调节其开孔的大小，以调节光量。

（二）显微镜的使用

1. 取镜　取镜时应右手握住镜臂，左手平托镜座，保持镜体直立，不可歪斜，安放时，动作要轻。一般应放在座位的左侧，距桌边 5～6cm 处，以便观察。

2. 对光　扭转转换器，使低倍镜对准载物台上的通光孔，打开聚光器的光圈，使光线反射到镜筒内，双眼注视目镜内，调整光源强度，使视野内明亮度适宜。

3. 放切片　将需观察的切片标本放在载物台上，用压片夹压住切片两端，将切片中的标本正对通光孔的中心。

4. 低倍镜使用　观察任何标本，都必须先用低倍镜，因为低倍镜视野范围大，容易发现和确定需要观察的部位。

使用低倍镜时，两眼从侧面注视物镜，旋转粗调节器。使物镜停留在距离载物台约 5mm 处，接着双眼自然睁开，用左眼在目镜中观察，同时向后或向内转动粗调节器，使镜筒缓缓上升，直到看到物像为止。

调节好后，可根据需要移动玻片，把要观察的部分移动到最有利的位置上，找到物像后，还可以根据材料的厚薄、颜色、成像的反差强弱等情况进行调节，若视野太亮，可降低聚光器或缩小虹彩光圈，反之则升高聚光器或放大虹彩光圈。

5. 高倍镜的使用 使用高倍镜前，应先在低倍镜中选好目标，将其调整到视野的中央，转动转换器，换用高倍镜进行观察。转换高倍镜后，一般只要略微扭转调节器，就能看到清晰的物像，若接物镜不是显微镜的原配套镜头，则需重新调整焦点，此时应从侧面观察物镜，并小心地转动粗调节器，使镜筒慢慢下降到高倍镜的镜头几乎与切片接触时为止，切勿使镜头接触玻片，然后一边从目镜向内观测视野，一边转动粗调节器，稍微升高或下降镜筒，看到物像后，再调细调节器直到获得清晰物像为止。

6. 还镜 观察完毕，先升高镜筒，取下切片，再扭转转换器，使镜头偏于两旁，擦净镜头，然后降下镜筒，擦净镜体，装入镜箱。

（三）显微镜的保养

显微镜是最常用的精密仪器，使用时要细心爱护，妥善保养。

1. 使用时必须严格执行上述使用规程。

2. 保持显微镜和室内的清洁、干燥。避免灰尘、水、化学试剂及他物沾污显微镜，特别是镜头部分。

3. 不得任意拆卸或调换显微镜的镜头或其他零部件。

4. 防止震动。在转动调节轮时要用双手同时发力，用力要轻，转动要慢，不可将镜筒升得过高，转不动时不可强行用力转动，以免磨损齿轮或导致镜筒自行下滑。

5. 使用过的油镜头或镜头上沾有不易擦去的污物，可先用擦镜纸蘸少许二甲苯擦拭，再换用洁净的擦镜纸擦拭干净。

四、组织实施

1. 显微镜操作练习 显微镜使用的步骤口诀：一取二放，三安装；四转低倍，五对光；六上玻片，七下降；八升镜筒，细观赏；看完低倍，转高倍；九退整理，后归箱。

2. 切片观察练习 取字母"e"切片或红绸切片，放在低倍镜下观察，按照显微镜操作方法，找到所要观察的物像，此时，放大的物像是否为倒像？把切片向左和向右移动，物像移动的方向与切片移动的方向是否一致？反复多次练习，掌握玻片使物像保持在视野中央的规律。

3. 点评与答疑 教师对各小组的任务完成情况进行点评，解答学生对本任务学习过程中提出的疑问。

4. 考核与评价 见表3-1。

表3-1 显微镜的结构和使用

名称		显微镜的结构和使用										
评价项目	考核评价内容	自评			互评			师评			总评		
		优秀	良好	加油	优秀	良好	加油	优秀	良好	加油	优秀	良好	加油
训练态度（10分）	目标明确，能够认真对待、积极参与												

（续）

名称		显微镜的结构和使用											
评价项目	考核评价内容	自评			互评			师评			总评		
		优秀	良好	加油	优秀	良好	加油	优秀	良好	加油	优秀	良好	加油
团队合作（10分）	组员分工协作，团结合作配合默契												
实训技能 显微镜各部分名称和作用（20分）	理论掌握到位												
显微镜使用技术（20分）	正确使用显微镜观察切片，操作规范无误												
学习效果（20分）	正确使用显微镜观察切片，绘图科学规范，注重方法及创新												
安全文明意识（10分）	不拆卸配件，不私自调换镜头，不用手揩抹镜头												
卫生意识（10分）	实训完成及时打扫卫生，保持实训场所整洁												
综合评价													

五、课后探究

1. 如何计算显微镜的放大倍数？
2. 视野一直处于模糊状态时如何处理？
3. 显微镜视野中出现污点时怎么处理？
4. 在调焦操作时，应注意的问题是什么？
5. 玻片标本与物像的关系是怎样的？

任务二 观察植物细胞的结构

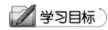 **学习目标**

1. 能借助显微镜观察植物细胞的基本结构。
2. 学会临时装片和徒手切片制作技术，识别植物细胞中的各种质体和淀粉粒。
3. 能绘制植物细胞的简图。

任务要求

准备几种蔬菜瓜果，确保新鲜。制作临时装片观察植物细胞的结构；观察质体和淀粉粒。

 课前准备

1. 工具 光学显微镜、擦镜纸、纱布、载玻片、盖玻片、镊子、滴管、培养皿、铅笔、橡皮、刀片、剪刀、解剖针、吸水纸。

2. 材料 洋葱、番茄或西瓜果肉、蒸馏水、I_2-KI 染液。

一、任务提出

1. 植物细胞一般由哪几部分组成？哪些是有生命活动能力的？

2. 马铃薯块茎见光转绿与番茄果实成熟时由绿变红的原因各是什么？

3. 植物的花为什么有不同的颜色？

二、任务分析

细胞是构成生物体形态结构和生理功能的基本单位。机体的各种生命活动，如生长、生殖、遗传等都与细胞的结构和功能密切相关。因此，掌握植物细胞的结构和功能，对了解植物生命活动的规律具有重要的作用。

栽培的各种农作物如水稻、棉花、油菜和果树如梨、桃等，虽然它们的外部形态、植株大小和生活习性等各不相同，但是它们的基本结构单位却都是相同的。把它们的任何部分（除花粉粒外）切成薄片放在显微镜下观察，可以看到很多的像蜂巢一样的小腔室，每个小腔室就是一个细胞，它就是构成各种植物体的基本单位。所以，要想了解植物整体的生长发育规律，就必须首先了解植物细胞的结构。

三、相关知识

生物有机体除了病毒、噬菌体和类病毒外，都是由细胞构成的。植物的细胞既是植物体结构的单位，也是功能的基本单位。

简单的单细胞植物个体只由一个细胞构成，它的全部生命活动仅由这一个细胞来完成。复杂的多细胞植物的个体是由许多细胞所组成，这些细胞的功能高度专门化，密切联系，分工协作，共同完成整个植物生命活动。

（一）植物细胞的形状和大小

1. 植物细胞的形状 植物细胞的形状多种多样，有球形、长筒形、长柱形、星形、长棱形、多面形、纤维形和长方体形等（图 3-3）。

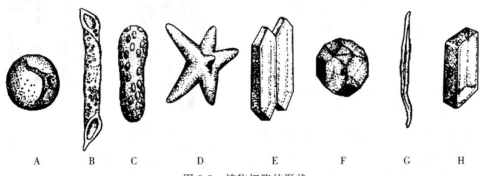

图 3-3 植物细胞的形状

A. 球形 B. 长筒形 C. 长柱形 D. 星形 E. 长棱形 F. 多面形 G. 纤维形 H. 长方体形

细胞的形状主要取决于它们的生理机能和所处的环境条件。例如，游离的细胞或生长在疏松组织中的细胞呈球形、卵形或椭圆形；在细胞排列较为紧密的情况下，由于细胞互相挤压而呈多面体形，覆盖体表的表皮细胞是扁平的，导管细胞行使输导水分和无机盐的功能，细胞呈长筒形或纤维形等。细胞形状的多样性，体现了功能决定形态、形态适应功能这样一个规律。

2. 植物细胞的大小　植物细胞的大小差异很大，它们的直径一般为 $10\sim100\mu m$。植物体内，不同部位的细胞大小有所不同，如根茎顶端的分生组织细胞较小，必须在显微镜下才能看到。已知最小的细胞是细菌状的有机体称支原体，直径仅为 $0.1\mu m$。有少数的大型细胞、肉眼可见，如西瓜的果肉细胞，直径约 $1mm$。细胞体积越小，它的相对表面积就越大，有利于外界进行物质、能量、信息的迅速交换。

（二）植物细胞的基本结构

植物细胞一般是由细胞壁和原生质体两部分组成的，细胞壁位于植物细胞的最外层，是植物细胞特有的结构，动物细胞则没有细胞壁。原生质体在其生命活动中产生细胞壁、液泡和后含物。植物细胞的亚显微结构立体模式见图3-4。

1. 细胞壁　细胞壁是植物细胞所特有的结构，由原生质体分泌的物质所构成。细胞壁有保护原生质体的作用，并且决定细胞的形状和功能。细胞壁还与植物吸收、运输、蒸腾、分泌等生理活动有密切的关系。

细胞壁可分3层，由外而内依次是胞间层、初生壁和次生壁。所有的植物细胞都具有胞间层和初生壁，次生壁则不一定都有（图3-5）。

（1）胞间层。胞间层又称中胶层，为相邻的两个细胞所共有，也是细胞壁最外一层，其成分主要是果胶质，能将相邻的细胞粘连在一起，具有一定的可塑性，可以缓冲细胞间的挤压。果胶质能在一些酶或酸、碱的作用下发生分解，这就是有些肉质果实成熟后会发软的主要原因。

（2）初生壁。初生壁的主要成分是纤维素、半纤维素及果胶质。细胞在体积不断扩大的生长过程中，由原生质体分泌的纤维素、半纤维素及果胶质加在胞间层的内侧，构成初生壁。初生壁一般很薄，质地柔软，有较大的可塑性，可随细胞的生长而扩大。

（3）次生壁。次生壁是细胞停止生长以后，由某些特殊细胞在初生壁内侧继续沉积形成的，其主要成分是纤维素，并常有其他物质填充于其中，使细胞壁的性质发生不同变化，从

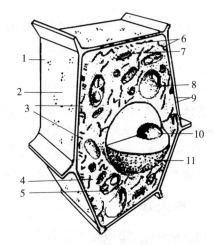

图 3-4　植物细胞的亚显微结构立体模式
1. 细胞壁（上面具有胞间连丝通过的孔）
2. 质膜　3. 胞间连丝　4. 线粒体
5. 前质体　6. 内质网　7. 高尔基体
8. 液泡　9. 微管　10. 核仁　11. 核膜

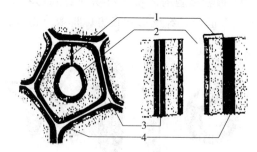

图 3-5　细胞壁的结构
1.3层次生壁　2. 细胞腔　3. 胞间层　4. 初生壁
（沈建忠，2006. 植物与植物生理）

而适应一定的生理机能。这些变化主要有角质化、栓质化、木质化和矿质化。

①角质化。在叶和幼茎表皮细胞的外壁，常添加一些角质（脂类化合物），形成角质膜，称角质化。角质化的细胞壁透水性降低，可减少水分的散失，但可透光，因此增强了对细胞的保护作用。

②木栓化。老的根和茎外面有几层细胞的壁发生木栓化，这是木栓质（也是脂类化合物）渗入到细胞壁内的一种变化。木栓化的细胞因不透水、不透气而死亡，只剩下细胞壁，更增强了对内部细胞的保护作用。

③木质化。根、茎内部许多起输导和支持作用的细胞，细胞壁因渗入木质（丙酸苯酯聚合物）而增加了硬度和弹性，因而能增强细胞的机械支持能力。

④矿质化。细胞壁内渗入矿质（钙、硅、镁、钾等的不溶化合物）称为矿质化。矿质化后，细胞壁的硬度增大，抗病性增强。最主要的矿质成分是二氧化硅和碳酸钙。禾本科、莎草科植物茎和叶的表皮细胞，其外壁中常渗入二氧化硅，称为硅化。矿质化可增强支持和保护作用。

次生壁的增厚并不是完全均一的，有的地方不增厚，仅具原有的胞间层和初生壁。因此，在细胞壁上可见许多凹陷的区域，称为纹孔。相邻两个细胞上的纹孔相对存在，称纹孔对。纹孔对之间的胞间层和初生壁，合称纹孔膜。

初生壁上也有一些较薄的凹陷区域，是相邻两细胞原生质细丝连接的孔道。这些贯穿细胞壁而联系两细胞的原生质细丝称为胞间连丝（图 3-6）。

胞间连丝是传导物质和信息的桥梁，它把植物体所有细胞的原生质连接在一起，使所有的细胞连成一个整体。细胞的其他部位也分散存在着少量的胞间连丝。

2. 原生质体 在高等植物细胞内，原生质体可分为细胞质和细胞核。细胞质是原生质体除了细胞核以外的其余部分，不是匀质的，在内部还分化出一定的结构，有的用光学显微镜就可以看到。

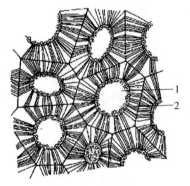

图 3-6 柿胚乳细胞的胞间连丝
1. 细胞腔 2. 胞间连丝
（徐汉卿，1999. 植物学）

（1）细胞质。细胞质充满在细胞壁和细胞核之间。细胞质在细胞内进行缓慢的环流运动，能促进营养物质的运输、气体的交换、细胞的生长和创伤的恢复等。

细胞质包括质膜、细胞器和胞基质三部分。由于细胞内出现大液泡，使得细胞质被挤成紧贴细胞壁的一薄层。

①质膜。质膜位于原生质体的最外层，又称细胞膜。除了细胞膜，细胞内还存有大量的膜系统，即细胞内的内膜系统，与内膜系统相对，质膜因此被称为外周膜或外膜，质膜与胞内膜包括了细胞所有的膜，统称为生物膜。质膜的成分主要是类脂和蛋白质，此外还有少量的糖类等。质膜是选择透过性膜，能控制细胞与外界环境的物质交换。

②细胞器。细胞器是细胞质中具有一定形态结构和生理功能的微结构或微器官。光学显微镜下可见的有液泡、线粒体和质体等细胞器，电子显微镜下可见有内质网、高尔基体、溶酶体、核糖体、圆球体、微管和微体等细胞器。

a. 线粒体。线粒体呈球形、杆状或分支状等。在普通光学显微镜下仅能辨认出一小颗粒。其成分主要有蛋白质、类脂和少量的核糖核酸，并含有许多与呼吸作用有关的酶类。它是呼吸作用的主要场所，是细胞内能量代谢的中心。

b. 质体。质体是绿色植物所特有的细胞器，在高等植物中呈圆盘形、卵圆形或不规则形。质体主要由蛋白质和类脂组成，是一类合成和积累同化产物的细胞器。根据所含色素和功能的不同，质体可分为叶绿体、白色体和有色体 3 种类型（图 3-7）。

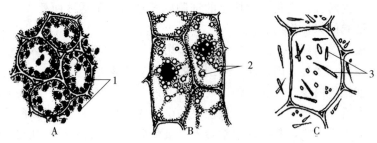

图 3-7　三种质体
A. 天竺葵叶　B. 玉米幼叶　C. 胡萝卜根
1. 叶绿体　2. 白色体　3. 有色体

叶绿体：存在于植物的所有绿色部分的细胞里，以叶肉细胞中最多。叶绿体通常为扁椭圆状，一个细胞内有十几个、几十个至几百个。叶绿体含有绿色的叶绿素和黄色的类胡萝卜素。叶绿体呈现绿色，是进行光合作用的场所。

白色体：不含色素，多呈球形或纺锤形。聚集在细胞核附近。存在于幼嫩的细胞和根、茎、种子等无色的细胞中。不同类型组织中的白色体，其功能有所不同，可分为合成贮藏淀粉的造粉体、合成贮藏脂肪的造油体和合成贮藏蛋白质的造蛋白体。

有色体：含有胡萝卜素和叶黄素，由于二者比例不同而呈现黄色或橙黄色等各种颜色。有色体通常存在于花、果实中，如番茄、辣椒的果实。一些植物的根中也有，如胡萝卜的肉质根中就含有有色体。

在一定条件下，质体可以转变。如某些根经光照后可以转绿，这就是白色体向叶绿体转化，当果实成熟时，叶绿体又有可能因叶绿素的退化和类囊体结构的消失而转化为有色体。不同时期的质体，其化学成分、体积大小和生理活性也有很大差别。例如，萝卜的根、马铃薯的块茎见光后变绿，是白色体转变为叶绿体的缘故。番茄果实在发育过程中，颜色由白变青再变红，是由于最初含有白色体，以后转变为叶绿体，后期又转变成了有色体。胡萝卜根在光下变为绿色，是由于有色体转变成了叶绿体。

c. 内质网。内质网是交织分布于细胞质中的一个膜系统。有些内质网的表面有核糖体附着，称粗糙型内质网；有的表面不附着核糖体，称光滑型内质网。通过内质网的生化调节，可进行细胞间的物质合成运输和信息传递。

d. 高尔基体。高尔基体是由数个单层膜围成的圆盘状的囊相叠而成。囊的边缘伸展成管状并突出形成各种小泡。高尔基体的主要功能是为细胞提供一个物质的运输系统，合成和运输多糖，并装配某些生物大分子，参与质膜和细胞壁的形成。

e. 液泡。液泡是由单层膜包被所形成。在植物幼小的细胞中，液泡很小，数量多而分散。随着细胞的生长，液泡逐渐增大，并且彼此联合，最后成为一个大的液泡（图 3-8）。

液泡里的水溶液称细胞液，主要成分是水，其中溶有各种无机盐和有机物，如硝酸盐、

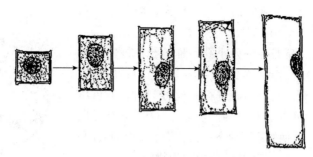

图 3-8 植物细胞的液泡及其发育

磷酸盐、糖类、有机酸、植物碱、单宁、色素等，通常略呈酸性。因此，可使细胞具有酸、甜、苦、涩等味道。最常见的色素是花青素，它在酸性中呈红色、在中性中呈紫色、在碱性中呈蓝色。加之有色体的颜色，使植物花和果实五彩缤纷。液泡的主要生理功能包括渗透调节、贮藏和消化等。

在细胞中除以上细胞器外，还有微体、微管、圆球体、溶酶体等细胞器，这些细胞器在细胞的生理活动中起着重要的作用（表 3-2）。

表 3-2 植物细胞器的形状、结构和功能

细胞器	膜结构	球体	功能
线粒体	双层膜	球形、杆状或分支状	呼吸作用的主要场所
质体	单层膜	圆盘形、卵形或不规则形	光合作用的主要场所
高尔基体	单层膜	圆盘状	物质集运装配中心
内质网	单层膜	网状	合成、包装、运输作用
液泡	单层膜	形状多变	与吸水有关
微体	单层膜	球状或哑铃形	与光呼吸和脂肪代谢有关
微管	单层膜	中空长管状	保持细胞形状，与细胞建成有关
圆球体	单层膜	球形	合成脂肪、贮藏油脂
溶酶体	单层膜	泡状	消化作用
核糖体	非膜结构	球形或长圆形小颗粒	合成蛋白质的主要场所

③胞基质。又称基质，存在于细胞器的外围，是一个具有弹性和黏滞性的透明胶体系统。胞基质是细胞内进行各种生化活动的场所，是细胞器之间物质运输和信息传递的介质，同时还不断为细胞器行使功能提供必需的营养原料。

（2）细胞核。细胞核一般呈球形或椭圆形，存在于细胞质内。植物细胞中除了细菌和蓝藻外，所有的生活细胞都具有细胞核，它是生活细胞中最显著的结构，具有细胞核结构的生物称为真核生物。此外，有些细胞没有细胞核，如细菌和蓝藻，它们的细胞内没有明显的细胞核结构，只有呈分散状的核物质，这类没有明显细胞核结构的生物，称为原核生物。

一般植物的细胞，通常只有一个细胞核；但在某些真菌和藻类的细胞里，常常有两个或多个核。

细胞核与细胞质都是胶体状物质，但细胞核的黏性更大些，它的主要成分是核蛋白，此

外还有类脂和其他成分。细胞核的结构可分为核膜、核质和核仁三部分（图3-9）。

核膜包在最外面。膜上有许多小孔，称核孔。核质是细胞核内核仁以外的物质。其中易被碱性染料染色的物质称染色质，不染色的部分称核液。细胞进行有丝分裂时，染色质经螺旋缠绕成形体较大的染色体。因此，染色质和染色体是同一物质结构在细胞不同时期的不同形态而已。染色质由DNA和蛋白质组成。DNA是生物遗传物质，能控制生物的遗传性，染色体便是遗传物质的载体。核质内有一个或数个球状小体，称核仁，由核糖核酸和磷蛋白组成。核仁可合成核糖体核糖核酸（rRNA），并与蛋白质结合经核孔输送到细胞质，再形成核糖体。细胞核是遗传物质贮存和复制的主要场所，被认为是细胞的控制中心，控制细胞遗传，调节细胞代谢和细胞的生长分化，以及调整整个植物体生长发育。

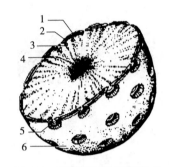

图3-9　细胞核超微结构模式
1. 核膜外层　2. 核膜内层　3. 染色质
4. 核仁　5. 核孔　6. 核膜
（宋志伟，2013. 植物生产与环境）

（三）细胞后含物

细胞后含物是指存在于细胞质和液泡内的各种代谢产物及废物。这些物质可以在细胞一生的不同时期出现或消失。细胞的后含物种类很多，如淀粉、脂肪、蛋白质、激素、维生素、单宁、树脂、橡胶、色素、草酸钙结晶等，其中前3种是重要的贮藏营养物质。

1. 淀粉　淀粉是植物细胞中最普遍的贮藏物质，常呈颗粒状，称为淀粉粒。不同植物的淀粉粒有不同的形态。淀粉粒的形态、大小可作为鉴别植物的依据之一。淀粉粒遇碘呈蓝色，可鉴定淀粉的存在。水稻、玉米、小麦及甘薯的块根中都含有丰富的淀粉，是人类食物的主要来源。

2. 脂肪　脂肪普遍存在于种子的胚乳或子叶内，以小滴分散在细胞质中。油菜、花生、大豆、芝麻、蓖麻、胡桃等油料植物种子内所含最多。

3. 蛋白质　细胞中的贮藏蛋白质呈固体状态，生理活性稳定，与原生质体中呈胶体状态有生命的蛋白质在性质上不同，它以无定形或结晶状态存在于细胞中。无定形的蛋白质常被一层膜包裹成球状颗粒，称糊粉粒。糊粉粒是由蛋白质贮存于液泡中时，由于成熟脱水，液泡水分减少而成为无定形的固体颗粒形成的。糊粉粒较多地分布于植物种子的胚乳，最外面常有一层或数层糊粉层。

综上所述，高等植物细胞由细胞壁和原生质体组成。细胞壁是包被着原生质体的外壳。原生质体生命活动可产生多种多样的后含物。原生质体可分为细胞质和细胞核。细胞质的最外层是质膜，它是生物膜的一种。质膜内充满了不具结构特征的胞基质，其内分布着不同类型的细胞器，如线粒体、内质网等。细胞核也在胞基质中，不过它比其他细胞器大得多，并已分化为核膜、核质和核仁。细胞核对细胞来说特别重要，是细胞生命活动的控制中心。细胞壁对原生质体有保护作用，可分为胞间层、初生壁和次生壁3层，但并非每个细胞都有3层壁。在后含物中，淀粉、脂肪和蛋白质是最重要的贮藏营养物质。

四、组织实施

1. 制作临时装片

（1）擦拭载玻片和盖玻片。用左手的食指和拇指轻轻夹住玻片的边缘，右手将纱布或擦镜纸折成两层，把玻片放在两层纱布或擦镜纸之间，用食指和拇指夹住轻轻擦拭，用力要均匀。一侧擦拭干净后，转向再擦另一侧。

（2）在洁净的载玻片中央滴一滴清水。用滴管吸取清水，在洁净的载玻片中央滴一小滴，以加盖玻片后没有水溢出为宜。注意：水滴太小容易产生气泡或干涸而影响观察，水滴太大容易使盖玻片浮在水上或溢出载玻片而污染显微镜。

（3）撕取洋葱鳞叶内表皮。用刀片切取 0.5cm×0.5cm 小块置于载玻片上的清水中，并用解剖针展平。注意：贴近叶肉的一侧内表皮向下。

（4）盖上盖玻片。用镊子夹起盖玻片，使它的一边先接触载玻片上的水滴，然后缓缓地放下，盖在要观察的材料上，这样才能避免盖玻片下面出现气泡而影响观察。若水过多，材料和盖玻片易浮动，则可用吸水纸从盖玻片的一边吸去多余水分。

（5）为使细胞观察得更清楚，可用碘液染色。即在装片时把一滴碘液滴在盖玻片的一侧，用吸水纸从盖玻片的另一侧吸引，使染液浸润标本的全部。

2. 观察植物细胞的结构　将做好的临时装片置于显微镜下，先用低倍镜观察洋葱表皮细胞的形态和排列情况：细胞呈长方形，排列整齐，紧密。选择一个比较清楚的区域，把它移至视野中央，再换用高倍镜观察细胞的详细结构，可看到：

（1）细胞壁。包在细胞的最外面。洋葱表皮每个细胞周围有明显界限，被 I_2-KI 染液染成淡黄色。

（2）细胞质。细胞核以外，紧贴细胞壁内侧的无色透明的胶状物，即为细胞质。幼小细胞的细胞质充满整个细胞，形成大液泡时，细胞质贴着细胞壁成一薄层。I_2－KI 染色后，呈淡黄色，但比细胞壁要浅一些。

（3）细胞核。在细胞质中有一个染色较深的圆球状颗粒，这就是细胞核。

（4）液泡。把光调暗一些，可见细胞内较亮的部分这就是液泡。幼小细胞的液泡小，数目多；长成的细胞通常只有一个大液泡，占细胞的大部分。

注意：使用显微镜观察视野时，要求双眼自然睁开，左眼看镜，右眼看图。

3. 观察植物细胞中的质体

（1）叶绿体的观察。在载玻片上先滴一滴 10％的糖液，取菠菜叶撕去下表皮，用刀刮取少量叶肉，放入载玻片的糖液中均匀散开，先用低倍镜观察到叶绿体后，再换高倍镜观察。

（2）白色体的观察。撕取大葱葱白内表皮，用临时装片法制得切片后，进行显微镜观察即可看到白色体。

（3）有色体的观察。用解剖针挑取辣椒果肉制成临时装片，在显微镜下观察，可见细胞内含有橙红色的颗粒，这就是有色体。

4. 制作徒手切片

（1）用植物茎（或其他器官）做徒手切片。切取一小段（长约 2cm）的玉米或蚕豆幼茎，或马铃薯块茎切成长 1.5～2.5cm、截面 0.5cm×0.5cm 的小长条，用左手的拇指、食指和中指夹住材料，为防止切片时割伤手指，材料上端（切面）略高于食指，拇指略低于食指。将切面削平，然后将材料和刀片蘸水湿润，以备徒手切片。用右手的拇指和食指捏住刀片一端，置于右手食指之上，刀片与材料切面平行，刀刃放在材料左前方稍低于材料断面的位置。以均匀的力量和平稳的动作使刀刃自左前方向右后方斜滑拉切。注意不要直切，中途不要停顿，拉切速度要快，不要推前拖后（拉锯式）切割，左手食指向下稍微移动，使材料略有上升，从而调整每张切片的厚度。切片过程中右手不动，只是右臂移动，动作用臂力而不用腕力。

切片要薄、平而完整，每切几片后，将切下的切片轻轻移入培养皿的清水中或直接将刀片浸没于水中使切片漂洗下来，然后选择最薄的进行装片。

（2）用植物叶做徒手切片。将萝卜（或胡萝卜、马铃薯等）切成 $0.5cm \times 0.5cm \times 2cm$ 的长方块，将小麦叶片（或其他叶片）夹在萝卜长方块的切口内，用上法做徒手切片。此外也可将叶折叠或卷成数层后用手指夹持进行切片，或将叶片切成窄条放在载玻片上，重叠 3 片刀片，利用刀片间隙控制厚度切成薄的切片。

（3）在洁净的载玻片中央滴一滴清水，用镊子在培养皿中挑选薄而透明、完整的切片放在载玻片的水滴中，加盖盖玻片制作临时装片。

5. 观察马铃薯块茎细胞内的淀粉粒　将临时装片置于低倍镜下，可见细胞内有许多卵形发亮的颗粒，就是淀粉粒。把光线调暗些，则可见淀粉粒上有轮纹。如用碘液染色，则淀粉粒都变成蓝色。

6. 生物绘图方法　在进行植物形态、结构观察时，常需绘图。绘图注意事项如下：

（1）绘图一般宜用 2H 黑色硬铅笔，不要用软铅笔或有色铅笔；橡皮宜用白色大橡皮。

（2）图的大小及在纸上分布的位置要适当。一般画在所占部位的中央稍偏左、略偏上的位置，右方留出用于引线和标注各部名称的位置；下方要留出标注所绘图的名称的位置。

（3）画图时先用轻淡的细点或线条画出简单的轮廓图，再画出详图，线条要清晰，比例要正确。

（4）要注意图的准确性和科学性。绘出的图要与实物相符，观察时要把混杂物、破损、重叠等现象区别清楚，不要把这些也绘在图上。

（5）图的阴暗及浓淡，可用细点表示，不要采用涂抹的方法。点细点时，要点成圆点，不要点成小撇。

（6）图的标注：引线用较细的线条或虚线，不可交叉，引线右边要平行对齐，各部名称写在引线的右边。同时，在图的下方标出所绘图的名称和显微镜的放大位数。

生物绘图的总体要求：能够清楚、正确地表示出所绘内容的形态、结构特征；美观、整洁。

7. 观察结果报告

（1）绘制几个洋葱表皮细胞的图片，并注明细胞壁、细胞质、细胞核、液泡。

（2）绘制 2~3 个含淀粉粒的马铃薯细胞的图片。

8. 点评与答疑　教师对各小组的任务完成情况进行点评，解答学生对本任务学习过程中提出的疑问。

9. 考核与评价　见表 3-3。

表 3-3　观察植物细胞的结构

名称	观察植物细胞的结构											
评价项目	考核评价内容	自评			互评			师评			总评		
		优秀	良好	加油	优秀	良好	加油	优秀	良好	加油	优秀	良好	加油
训练态度（10分）	目标明确，能够认真对待、积极参与												

（续）

名称		观察植物细胞的结构											
评价项目	考核评价内容	自评			互评			师评			总评		
		优秀	良好	加油	优秀	良好	加油	优秀	良好	加油	优秀	良好	加油
团队合作（10分）	组员分工协作，团结合作配合默契												
实训技能	植物细胞的组成和作用（20分）	理论掌握到位											
	临时装片制片技术（20分）	操作规范无误											
	学习效果（20分）	正确使用显微镜观察切片，绘图科学规范，注重方法及创新											
安全文明意识（10分）	不拆卸配件，不私自调换镜头，不用手揩抹镜头												
卫生意识（10分）	实训完成及时打扫卫生，保持实训场所整洁												
综合评价													

五、课后探究

1. 用框架图表示植物细胞的基本结构。
2. 植物细胞的细胞器有哪些？各有什么生理功能？
3. 质体分为哪几种类型？试联系生活举例说明它们之间可以相互转换。
4. 液泡是怎样形成的？液泡对细胞生理有什么作用？

任务三　观察植物细胞的有丝分裂

📝 **学习目标**

1. 了解植物细胞的 3 种繁殖方式。
2. 通过观察，掌握有丝分裂过程中各期细胞内核相的变化特征。

🔍 **任务要求**

把洋葱放在盛满清水的广口瓶上，底部接触到瓶内水。放至温暖的地方，经常换水，并且使洋葱底部总是接触到水，培养洋葱根系，要求根长达到 1～2cm。

📁 **课前准备**

1. 工具　光学显微镜、载玻片、盖玻片、小烧杯、镊子、滴管、质量分数为 10％ 的盐酸、质量浓度为 0.1g/mL 的龙胆紫溶液（或醋酸洋红液）、铅笔、橡皮、剪刀、吸水纸。

2. 材料　根尖培养好的洋葱（可用蒜、葱代替）。

一、任务提出

1. 植物细胞是通过什么方式繁殖的？
2. 有丝分裂可以分为哪几个时期？各时期的主要特征是什么？
3. 有丝分裂与减数分裂的主要特征及区别是什么？

二、任务分析

植物体之所以能够不断地生长、壮大，除了细胞本身体积的增大以外，更主要的是通过细胞分裂进行繁殖，以增加细胞的数量。细胞分裂，就单细胞植物而言，每分裂一次，就产生（增多）了一个新个体，对多细胞植物来说，细胞分裂为植物体的个体建成提供了所需的细胞来源。所以细胞繁殖（分裂）对植物生长、分化和繁衍后代均有重大意义。在完成该学习任务时，要熟知细胞分裂的主要特征以及在分裂过程中各分裂时期细胞核相的变化特点。

三、相关知识

植物的生长主要是由于植物体内细胞的繁殖、增大和分化。细胞的繁殖是通过细胞的分裂来完成的。植物细胞的分裂方式主要有有丝分裂、减数分裂和无丝分裂 3 种。

（一）细胞周期

细胞周期就是细胞从一次分裂结束时开始到下一次分裂完成时为止所经历的全部过程。已知有丝分裂开始前必须进行 DNA 的合成，实验证明这一合成只在分裂间期的一定时期内进行。一般把分裂间期分为 G_1 期（DNA 合成前准备时期）、S 期（DNA 合成时期）、G_2 期（有丝分裂前的准备时期）和 M 期（有丝分裂时期）4 个时期。形成两个子细胞后，又回复到 G_1 时期（图 3-10）。

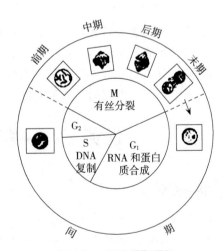

图 3-10　细胞周期图解

植物细胞周期的持续时间一般在十几个小时到几十个小时。细胞周期的长短与植物的生活条件，特别是与温度关系密切。温度高时周期短，温度低时则周期延长。

M 期为有丝分裂过程，在整个细胞周期中所占的时间很短，一般为 1h 左右，在这段时间里，前期较长，中期、后期和末期都较短。

（二）有丝分裂

有丝分裂又称间接分裂，主要表现在细胞核发生一系列可见的形态学变化，这些变化是连续的过程，由于分裂过程中有纺锤丝出现，所以称为有丝分裂。为便于认识，依其变化特点划分为以下几个时期（图 3-11）。

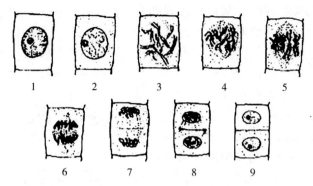

图 3-11　植物细胞有丝分裂过程图解
1. 间期　2～4. 前期　5. 中期　6. 后期　7、8. 末期　9. 两个子细胞
（周云龙，2000. 植物生物学）

1. 间期　间期是细胞进行分裂的准备时期。间期的细胞核稍大，位于细胞中央。细胞核内的染色质呈极细的细丝，称为染色丝，它是染色体在细胞分裂前的一种存在状态。在间期，组成染色丝的物质——脱氧核糖核酸和蛋白质进行着非常活跃的合成，为细胞分裂做了物质准备。现在认为，染色丝在间期进行了复制，每条染色丝经过复制后便成为双股的染色丝，但双股并不完全分开，中间仍有一个连接点，这个点称为着丝点。在间期，细胞内进行着能量的积累过程，以供分裂时的需要。

2. 前期　细胞分裂开始时，染色丝进行螺旋状卷曲，并且逐渐缩短变粗，成为具有一定形状的棒状体，称为染色体。由于染色丝在间期进行了复制（染色丝的复制通常也称为染色体复制），所以这时的染色体每条都是双股的，每一股称为染色单体，两个染色单体中间有着丝点相连。接着，核膜、核仁逐渐消失。同时，在细胞内出现纺锤体。纺锤体是由许多细长的纺锤丝所组成，纺锤丝的两端集中在细胞的两极的一点，有些纺锤丝和染色体的着丝点相连。整个纺锤形结构称为纺锤体。

3. 中期　是观察染色体的数目和形状的最好时期，此时纺锤体更加明显，所有染色体排列在纺锤体中央的平面上，这个平面称为赤道板。此时染色体已缩短到比较固定的形状。

4. 后期　染色体的着丝点分裂，每对染色单体就成为两个独立的染色体，并从赤道板分别移向两极。染色体的移动是纺锤丝收缩的结果。这样，在细胞的两极就各有一套与母细胞形态、数目相同的染色体。

5. 末期　染色体到达两极后，逐渐变得细长，成为盘曲的染色丝，这时纺锤丝也逐渐消失，核膜与核仁又重新出现。核膜把两极的染色丝分别包围起来，形成两个新细胞核。在这同时，细胞中央赤道板处逐渐出现新的细胞壁，将细胞质隔开，于是形成了两个子细胞。

有丝分裂全过程所经历的时间，随植物种类和外界条件而不同，大多数植物为 1～2h。

有丝分裂是细胞最普遍最常见的一种分裂方式，植物的营养器官如根、茎的伸长和增粗都是靠这种分裂方式来增加细胞的。

（三）减数分裂

减数分裂又称成熟分裂，它是有丝分裂的一种独特的形式，是植物在有性繁殖过程中形成性细胞前所进行的细胞分裂。例如，产生精子的花粉粒和产生卵细胞的胚囊形成时，都要经过减数分裂。

减数分裂包括两次连续的分裂，其过程和有丝分裂基本相似，但两次分裂时染色体只复制一次，因此产生的子细胞的染色体数目只有母细胞的 1/2，减数分裂即由此得名（图 3-12）。

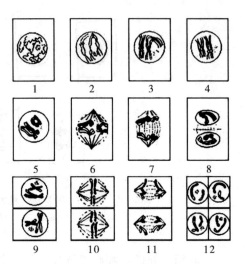

图 3-12　减数分裂过程图解
1~5. 前期Ⅰ　6. 中期Ⅰ　7. 后期Ⅰ　8. 末期Ⅰ
9. 前Ⅱ　10. 中Ⅱ　11. 后Ⅱ　12. 末Ⅱ
（徐汉卿，1995. 植物学）

1. 第一次分裂（以Ⅰ表示）

（1）前期Ⅰ。这一时期的时间较长，变化复杂。先是细胞核内出现细长的染色体，继而增粗并两两成对地排列。每对染色体中的一条来自父本，另一条来自母本，两者的形状、大小相似，称为同源染色体。由于在分裂前的间期，每条染色体中的 DNA 已经复制加倍，形成了 2 条染色单体，这 2 条染色单体仍由着丝点相连，没有完全分开，所以每对同源染色体实际上包含有 4 条染色单体。这 4 条染色单体中的 2 条可在相同的位置上发生交叉、横断，并发生染色体片段的互换（即染色体进行遗传物质的交换）。这时，核膜、核仁逐渐消失。

（2）中期Ⅰ。成对的染色体移向细胞的中部即赤道板上，纺锤体显得很明显。

（3）后期Ⅰ。由于染色体牵引丝的牵引，成对的染色体分开，各向两极移动。

（4）末期Ⅰ。染色体到达两极后，核膜、核仁重新出现，纺锤体消失，形成 2 个子核。同时，在赤道板处形成细胞板，将母细胞分隔成 2 个子细胞，虽然染色体已复制成 2 个染色单体，但染色体着丝点仍未分裂，所以子细胞染色体数只有母细胞的一半。减数分裂过程中染色体数目的减半，实际上就是在第一次分裂过程中完成的。

新形成的子细胞并不分开，相连在一起，称二分体。也有些细胞并不立即形成新细胞板，而是继续进行第二次分裂。

2. 第二次分裂（以Ⅱ表示）　第二次分裂一般紧接着第一次分裂，或有一个短暂的间歇期。第二次分裂也可分为 4 个时期（前期Ⅱ、中期Ⅱ、后期Ⅱ、末期Ⅱ）。其主要特点是：染色体的着丝点分裂，每个染色体上的 2 条染色单体分开，并分别向两极移动，因此，这时两极的染色体数目不再减半。染色体到达两极后，又重新形成新的细胞核和细胞壁，于是一个母细胞经过减数分裂，形成了 4 个子细胞。起初 4 个子细胞是连在一起的，称四分体，以后分离成 4 个单独的子细胞，每个子细胞的染色体数目为母细胞的一半。

减数分裂虽属有丝分裂的范畴，但与有丝分裂存在着明显的不同。减数分裂包括 2 次连续的分裂，分裂的结果是一个母细胞形成的 4 个子细胞。又由于染色体仅复制一次，所以子细胞的染色体数目只有母细胞的一半。有丝分裂增加了体细胞的数目，减数分裂则是植物在有性繁殖过程中生殖细胞形成时才进行。在减数分裂过程中，出现了丝分裂所没有的同源染色体联会，继而发生染色单体的交叉、断裂、交换现象。所有这些，都是减数分裂所独具的特点。减数分裂在植物的进化中具有非常重要的意义。由于减数分裂中染色体减少了一半，经过雌雄性细胞的结合，染色体又恢复了原来的数目并未导致染色体数目的增减，从而保持了物种的遗传性和稳定性。同时，又由于发生了染色体片段的互换，交换了遗传物质，就增加了植物的变异性，促进了物种的进化。

（四）无丝分裂

无丝分裂又称直接分裂。分裂时，核膜和核仁不消失，首先核仁一分为二，并向核的两极移动。此时，核伸长，核的中部变细，缢缩断裂，分成 2 个子核。子核之间形成新壁，便形成了 2 个子细胞（图 3-13）。

无丝分裂在分裂期间虽然不形成染色体，但实验证明在无丝分裂间期（细胞进行分裂的准备时期）染色质也进行复制并伴有细胞核增大。

无丝分裂在低等植物中普遍存在，其分裂速度快，能量消耗少，分裂过程中细胞仍能执行正常的生理功能。在高等植物中也较常见。如小麦茎的居间分生组织、甘薯块根的膨大、不定根的形成、胚乳的发育、愈伤组织的分化等，均有这种分裂方式。

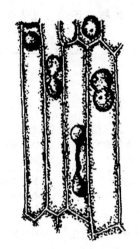

图 3-13　鸭跖草细胞的无丝分裂
（丁祖福，1995. 植物学）

四、组织实施

1. 压片法制作洋葱根尖临时装片

（1）解离。剪取长 0.5～1cm 的洋葱根尖两三条，放入盛有质量分数为 10％的盐酸的小烧杯中。将小烧杯放到酒精灯上加热。当小烧杯底部出现小气泡时，就停止加热（不可煮沸）。这时，根尖变得透明、酥软，用镊子尖端按压伸长区部位，将它压扁（不能压烂），这样就可以使根尖的组织细胞相互分散开来。

（2）漂洗。用镊子轻轻夹住伸长区的一端，将根尖取出，放入盛有清水的小烧杯中漂洗约 10min，以便将根尖上的盐酸漂洗干净。

（3）染色。把漂洗过的洋葱根尖取出（夹住伸长区一端），放在干净的载玻片上。在距根尖顶端 2～3mm 处，用镊子将根尖切断，除去有伸长区的一段，只保留有分生区的一段。用镊子尖端将这一段根尖捣碎（越碎越好），然后滴 1～2 滴新配制的龙胆紫溶液（或醋酸洋红液）染色 3～5min。如果染液蒸发掉了，可以再滴几滴，一定要使根尖浸在染液中。

（4）压片。在染过色的根尖上盖上盖玻片（要防止气泡产生），并且用镊子（或食指）轻轻敲击盖玻片，以便使根尖细胞分散开。然后，在盖玻片上放一层吸水纸，用拇指按压一下（注意：盖玻片不能移位，以免细胞重叠），使细胞分离开来，呈淡蓝色的云雾状。最后，用吸水纸将盖玻片周围的染液吸干。

2. 细胞有丝分裂的观察

（1）把制成的洋葱根尖临时装片放在低倍显微镜下观察，找到靠近尖端的分生区。分生区细胞的特点是：细胞呈正方形，个体较小，排列紧密，有的细胞正在进行有丝分裂。

（2）换用高倍镜观察，可以观察到细胞排列紧密，无间隙存在，细胞的形状几乎一样。细胞壁很薄，细胞质稠密。细胞核占细胞的比例较大，位于细胞中央。很多细胞处在不同的分裂过程中，分别辨认其所处的分裂时期（前期、中期、后期、末期）。仅在一个视野里，往往不容易找全处于有丝分裂的各个时期的细胞。可以慢慢地移动装片，从分生区的其他区域中寻找。找到分裂间期和不同分裂期的细胞后，注意观察这些细胞中染色体变化的情况。

3. 观察结果报告 绘制有丝分裂各期的细胞图，并标注分裂时期。

4. 点评与答疑 教师对各小组的任务完成情况进行点评，解答学生对本任务学习过程中提出的疑问。

5. 考核与评价 见表3-4。

表3-4 观察植物细胞的有丝分裂

名称			观察植物细胞的有丝分裂										
评价项目		考核评价内容	自评			互评			师评			总评		
			优秀	良好	加油	优秀	良好	加油	优秀	良好	加油	优秀	良好	加油
训练态度（10分）		目标明确，能够认真对待、积极参与												
团队合作（10分）		组员分工协作，团结合作配合默契												
实训技能	有丝分裂各期细胞核相变化特点（20分）	理论掌握到位												
	显微镜下鉴别各个时期的细胞（20分）	正确使用显微镜观察切片，操作规范无误												
	学习效果（20分）	细胞核相特征明显，绘图科学规范												
安全文明意识（10分）		不拆卸配件，不私自调换镜头，不用手揩抹镜头												
卫生意识（10分）		实训完成及时打扫卫生，保持实训场所整洁												
综合评价														

五、课后探究

1. 比较无丝分裂、有丝分裂与减数分裂的区别与联系。
2. 试着制作油菜（或小葱）幼根压片并观察细胞有丝分裂的特征。

任务四 植物组织的观察

学习目标

1. 能正确叙述植物组织的概念、类型、细胞特征、主要功能及在植物体内的分布。
2. 能熟练地使用显微镜观察植物的各类组织。

任务要求

准备棟树枝条、萝卜根尖、油菜幼根、柑橘果皮、马铃薯块茎、水稻老根横切片、玉米茎横切片、椴树茎横切片、松幼茎横切片、蒲公英根横切片、夹竹桃叶片、蚕豆茎和叶、小麦叶、梨果肉等材料。

课前准备

1. 工具 显微镜、擦镜纸、镊子、解剖针、双面刀片、载玻片、盖玻片、蒸馏水、盐酸、间苯三酚、酒精、碘液、滴管、吸水纸等用具。

2. 材料 南瓜茎纵切片、南瓜茎横切片。

一、任务提出

1. 植物为什么能长高、变粗？小麦、水稻为什么有拔节现象？
2. 分生组织有几种类型？这些类型的组织分别位于植物的哪些部位？
3. 棉纤维和麻纤维属于同一种组织吗？
4. 植物生长所需要的水分、无机盐和有机物分别靠什么组织运输？

二、任务分析

植物体是由细胞构成的，细胞在植物体内并不是杂乱无章地堆集在一起的，而是有规律地分布，形成许多不同类型的细胞群。具有相同来源的、同一类型或不同类型的细胞群组成的结构和功能单位就是组织。

根据组织的发育程度、生理功能和形态结构的不同，通常将植物组织分为分生组织和成熟组织两大类。植物的分生组织和成熟组织在植物体内是如何存在的？细胞有哪些特征？通过观察能否准确辨别出各类成熟组织？这些是学习该任务的关键所在。

三、相关知识

（一）分生组织

1. 分生组织的概念 分生组织是植物体内连续或周期性地进行细胞分裂的组织，是在植物体的一定部位，具有持续或周期性分裂能力的细胞群。分生组织位于植物体的生长部位。

分生组织细胞代谢活跃，有旺盛的分裂能力；细胞体积小，排列紧密，无细胞间隙；细胞壁薄，不特化；细胞质浓厚，无大液泡；细胞核较大，并位于细胞中央。

分生组织分裂产生的细胞中一小部分仍保持高度分裂的能力，大部分则陆续长大，并分化为具有一定形态特征和生理功能的细胞构成植物体的其他各种组织。

2. 分生组织的类型 根据分生组织在植物体内的位置，可分为顶端分生组织、侧生分生组织和居间分生组织 3 种（图 3-14）。

（1）顶端分生组织。顶端分生组织位于根、茎主轴和侧枝的顶端，其持续分裂活动使根和茎不断伸长。顶端分生组织细胞的特征是：细胞小，等径，细胞壁薄，核位于中央并占有较大的比例，原生质浓厚，液泡小而分散，一般在光学显微镜下不易看到。顶端分生组织存在于根、茎及各级分枝的顶端。从组织发生的性质分析，顶端分生组织的最尖端为原分生组织性质的原始细胞；紧接其后则为原始细胞分裂衍生出来的初生分生组织性质的细胞，它们一面保持分裂能力，一面渐向成熟组织分化。

茎的顶端分生组织是形成新叶和腋芽的基础，与根、茎的伸长有关；有些有花植物由营养生长进入生殖生长时，茎端又转向花或花序分化。

（2）侧生分生组织。侧生分生组织位于根、茎侧方的周围部分，靠近器官的边缘。它包括形成层和木栓形成层，形成层的活动能使根、茎不断增粗，木栓形成层的活动使增粗的根、茎表面或受伤的器官表面形成新的保护组织——周皮。

侧生分生组织主要分布于裸子植物和双子叶植物的根、茎周侧，与所在器官的长轴平行排列。从其起源和性质来看，应属次生分生组织。植物体中由侧生分生组织组成的结构部分有维管形成层和木栓形成层。

（3）居间分生组织。居间分生组织是夹在成熟组织区域之间的分生组织，它是顶端分生组织在某些器官中局部区域的保留，常存在于许多单子叶植物的节间基部和叶或叶鞘的基部。居间分生组织的细胞，细胞核大，细胞质浓，无淀粉粒，液泡化明显。居间分生组织主要进行横分裂，使

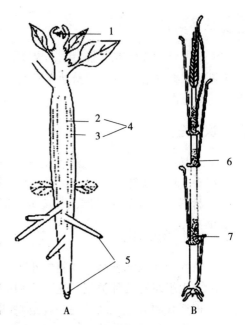

图 3-14　分生生组织在植物体内分布示意
A. 顶端分生组织和侧生分生组织的分布
B. 居间分生组织的分布
1. 茎顶端分生组织　2. 形成层　3. 木栓形成层
4. 侧生分生组织　5. 根尖顶端分生组织
6、7. 居间分生组织
（徐汉卿，1995. 植物学）

器官纵向急剧生长，促使植物体节间伸长，拔节和抽穗都是其活动的结果。"雨后春笋"就是由于节间基部居间分生组织的旺盛活动，从而使竹笋的增高生长异常迅速。但它们的分裂活动的持续时间较短，经过一段时间分裂后本身就完全分化为成熟组织。

若依组织来源的性质，分生组织还可划分为原分生组织、初生分生组织和次生分生组织。

原分生组织是直接由胚细胞保留下来的，一般具有持久而强烈的分裂能力。初生分生组织是由原分生组织衍生出来的细胞组成的，它是一种边分裂、边分化的组织，是原分生组织向成熟组织的过渡部分，根尖、茎尖中分生区的稍后部位的原表皮、原形成层和基本分生组织属此类。次生分生组织是由已经分化成熟的组织（如薄壁细胞、表皮细胞）重新恢复分裂能力形成的。根、茎中的形成层和木栓形成层就是次生分生组织。

（二）成熟组织

成熟组织是由分生组织分裂产生的细胞，经过生长、分化，逐渐丧失分裂能力，形成的各种具有特定形态结构和稳定生理功能的组织，也称永久组织。依形态、结构和功能的不同，成熟组织又可分为保护组织、基本组织、机械组织、输导组织和分泌组织。

1. 保护组织　保护组织存在于植物体的表面，由一层或数层细胞构成，主要起保护作用，可防止水分的过度蒸腾，抵抗风雨、病虫害的侵袭以及某些机械的损害，维护植物体内正常的生理活动。按其来源可分为初生保护组织（表皮）和次生保护组织（周皮）两种。

（1）表皮。表皮是器官外表早期形成的初生覆盖层。它遍布于根、茎、叶、花、果、种子的表面，通常由一层生活细胞所组成，但少数植物的某些器官的外表，可以形成数层细胞结构的复表皮。表皮细胞多呈扁平砖形或为扁平不规则形状，排列紧密，无细胞间隙，一般不含叶绿体，无色透明，含有较大的液泡，表皮细胞外壁常因脂肪性的角质浸入纤丝之间和纤维素之间而呈角质化并加厚形成角质层

图 3-15　表皮细胞及角质层
1. 角质层　2. 表皮细胞
（宋志伟，2013. 植物生产与环境）

（图 3-15），有些植物在角质层外还覆盖有一层蜡质。表皮上常分布有气孔和表皮毛。

①气孔。气孔是气体交换的通道，由叶表皮上一对特化的保卫细胞以及它们之间的孔隙共同组成，有些植物还具有副卫细胞（图 3-16）。

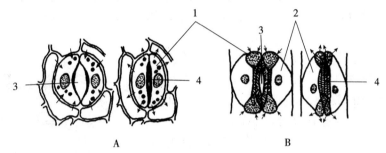

图 3-16　植物气孔的构造
A. 双子叶植物　B. 单子叶植物
1. 保卫细胞　2. 副卫细胞　3. 气孔张开　4. 气孔闭合
（宋志伟，2013. 植物生产与环境）

保卫细胞及其围成的孔隙、孔下室或再连同副卫细胞则共同组成气孔器。气孔器是调节水分蒸腾和进行气体交换的结构，它与光合、呼吸和蒸腾作用均有关系。许多植物的保卫细胞常为肾形，含有丰富的细胞质和较多的叶绿体和淀粉粒。其细胞壁在靠近气孔的部分比较厚，而与表皮细胞或副卫细胞毗接的部分比较薄。这些特点与气孔自动调节开闭有密切关系。气孔的开闭可通过保卫细胞形态的变化而控制。副卫细胞在不少植物的保卫细胞外侧或周围，它们与表皮细胞形状不同，但在发育和机能上与保卫细胞有密切关系，它们的数目、分布位置与气孔器的类型有关。

②表皮毛。表皮毛为表皮上的各种毛状附属物，它们由表皮细胞分化而来，类型甚多，有丝状、星状、盾状、鳞片状、分枝状、乳突状等形态；有单细胞毛、多细胞毛；是有具保护作用、分泌作用、吸收作用的毛状体。

（2）周皮。周皮是由木栓形成层生成的次生保护组织。木栓形成层向外分裂形成大量的木栓层、向内分裂形成少量的薄壁细胞即栓内层，木栓形成层、木栓层和栓内层统称为周皮（图 3-17）。木栓层由几层细胞壁已木栓化的死细胞所组成，不透水、不透气，并有抗压、绝缘等特性。

在已经形成周皮的茎上，通常肉眼可见一些褐色或白色的圆形、椭圆形、方形或其他形状的凸起斑点，称为皮孔。皮孔是周皮形成后，植物与外界环境进行气体交换的通道。

2. 基本组织（薄壁组织）　基本组织在植物体内分布最广、数量最多、所占比例最大，

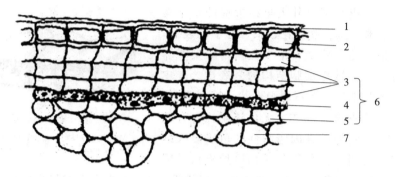

图 3-17　植物茎的周皮结构
1.角质层　2.表皮　3.木栓层　4.木栓形成层　5.栓内层　6.周皮　7.皮层
（宋志伟，2013.植物生产与环境）

是进行各种代谢活动的主要组织。基本组织的细胞排列疏松，细胞间隙较大，液泡发达，突出特征是细胞壁较薄，一般仅有由纤维素、果胶质构成的初生壁，因此又被称为薄壁组织（图 3-18）。

根据基本组织的主要生理功能，又将其分为同化组织、贮藏组织、吸收组织、通气组织、传递细胞等。

（1）同化组织。这类组织的细胞中含有大量叶绿体，行使光合作用，制造有机物，它们多分布于植物体中易受光的部位，如叶肉为典型的同化组织，其他如茎的幼嫩部分和发育中的果实和种子中也有这种组织分布。

（2）贮藏组织。贮藏组织细胞一般较大而近等径，具有贮藏各种营养物质的功能。这种组织主要存在于果实的果肉、种子的子叶、块根、块茎中，以及根茎的皮层和髓。贮藏的物质主要有淀粉、油类和其他糖类，以及某些特殊物质。如单宁、苷、橡胶等有机物；草酸钙、硫酸钙等无机结晶体等。

贮藏组织有时特化为贮水组织，如旱生多汁植物仙人掌、芦荟等，以及盐生肉质植物猪毛菜等，它们的光

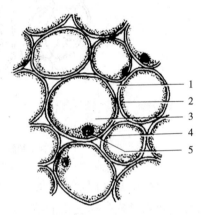

图 3-18　茎的薄壁组织
1.胞间隙　2.细胞壁　3.液泡
4.细胞质　5.细胞核
（徐汉卿，1995.植物学）

合作用器官中除了绿色同化组织之外，还存在一些缺乏叶绿体而充满水分的薄壁细胞，使植物能在干旱环境下生长。

（3）吸收组织。吸收组织是具有吸收水分、无机盐及有机养分等功能的薄壁组织。例如，根尖的表皮是吸收水分和无机盐的吸收组织，尤其是根毛区的许多表皮细胞的外壁向外凸起形成根毛，更有利于物质的吸收。禾本科植物胚的盾片与胚乳相接处的上皮细胞是吸收有机养料的吸收组织。

（4）通气组织。通气组织是具有大量细胞间隙的薄壁组织，其功能为贮存和通导气体，它们分布于植物体内各种组织之间，与光合作用、蒸腾作用和呼吸作用密切相关，同时也可以有效地抵抗水生环境中所受到的机械压力。湿生植物和水生植物体内常有发达的通气组织。例如，水稻、莲等的根、茎以及叶中在体内形成一个相互贯通的通气系统。

（5）传递细胞。传递细胞是一类特化的薄壁细胞，其细胞壁一般为初生壁，胞间连丝发

达，细胞核形状多样。这种细胞最显著的特征是细胞壁内突生长，即细胞壁向内突入细胞腔内，形成许多不规则的多褶突起。这样，使细胞质膜的表面积增大 20 倍以上，有利于细胞与周围进行物质交换。传递细胞具有较大的细胞核、内质网、高尔基体、核糖体等细胞器，在植物体内主要行使物质短途运输的生理功能。它普遍存在于叶片叶脉末梢、茎节及导管或筛管周围等。

基本组织的分化程度相对较低，有潜在的分生能力和较大的可塑性，它既可能进一步分化形成其他组织，也可在一定条件下脱分化转变为分生组织。基本组织还有能形成愈伤组织的再生作用，形成不定根或者不定芽，因而与植物扦插、嫁接的成活关系密切。

3. 机械组织 机械组织是在各种器官中对植物起支持、加固作用的组织，有很强的抗压、抗张和抗曲折的作用。植物能够枝叶挺立，有一定的硬度，可经受狂风暴雨的侵袭，都与机械组织有关。机械组织的特征是细胞壁局部或整体加厚。根据增厚的不同，可分为厚角组织和厚壁组织两类。

（1）厚角组织。厚角组织细胞的突出特征是细胞壁（属初生壁）不均匀的加厚，通常在细胞相邻的角隅处增厚特别明显（图 3-19）。

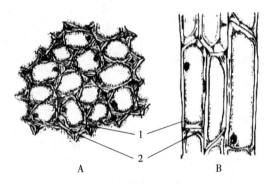

图 3-19 薄荷茎的厚角组织
A. 横切面 B. 纵切面
1. 细胞质 2. 不均匀增厚的初生壁
（徐汉卿，1995. 植物学）

厚角组织分布于幼茎、叶柄、叶片、花柄等部分，一般总是存在于器官的外围或表皮下。例如，薄荷、南瓜、芹菜等具棱的茎和叶柄中特别发达。厚角组织的细胞细长，是活细胞，常含叶绿体。这类组织既有支持器官直立的作用，又能适应于器官的生长，它们相当普遍存在于尚在伸长或经常摆动的器官之中，如幼茎、花梗、叶柄和大的叶脉内，在其表皮的内侧常有厚角组织的分布。在很多草本双子叶植物矮小的茎和攀缘茎中，厚角组织是终生的支持组织。芹菜、南瓜的茎和叶柄中的厚角组织常纵行集中在器官的边缘。较高大的草本和木本双子叶植物由于后来大量次生组织的产生，形成了许多厚壁组织，厚角组织也就随之破坏。单子叶植物很少有厚角组织，一般植物的根中也很少存在。

（2）厚壁组织。厚壁组织细胞具有均匀增厚的次生壁，常常木质化。细胞成熟时，壁内仅剩下一个狭小的空腔，成为没有原生质体的死细胞。

厚壁组织分两种，一种是细胞细长、两端较尖锐的，称纤维（图 3-20）。木质纤维的木质化程度很高，支持力很强。韧皮纤维的木质化程度较低，韧性强，是纺织的原料。另一种是细胞短而宽的，称石细胞，具有很厚并木质化的细胞壁（图 3-21）。石细胞分布很广，桃、李、梅等果实坚硬的果核，水稻的谷壳，梨果肉中的砂粒状物等部分主要由石细胞构成。

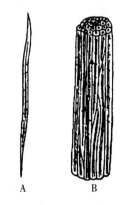

图 3-20 厚壁组织（纤维）
A. 纤维细胞 B. 纤维束
（宋志伟，2013. 植物
生产与环境）

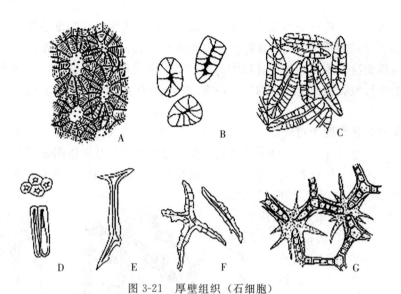

图 3-21　厚壁组织（石细胞）

A. 桃内果皮的石细胞　B. 梨果肉中的石细胞　C. 椰子内果皮石细胞

D. 菜豆种皮的表皮石细胞　E. 茶叶片中的石细胞　F. 山茶属叶柄中的石细胞

G. 萍蓬草属叶柄中的星状石细胞

（宋志伟，2013. 植物生产与环境）

4. 输导组织　输导组织由一些管状细胞上下连接而成，是输送水分、无机盐和有机物的组织。输导组织常和机械组织在一起组成束状，上下贯穿在植物体各个器官内。根据其结构和功能的不同，输导组织可分为两类。

（1）导管和管胞。导管和管胞的主要功能是输导水和无机盐。导管是由许多管状细胞——导管分子上下相连而成。导管分子的细胞壁增厚并木质化，发育成熟后，原生质体和上下两端的横壁都解体，形成长管状的死细胞。导管分子的次生壁增厚不均匀，通常呈环状、螺旋状、梯状、网状等，或全部加厚而只留有细小的纹孔，形成了环纹导管等类型（图 3-22）。

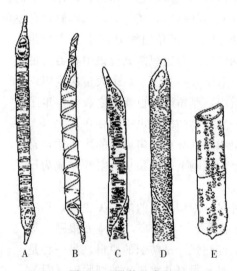

图 3-22　导管的类型

A. 环纹导管　B. 螺纹导管　C. 梯纹导管　D. 网纹导管　E. 孔纹导管

（方彦，2002. 园林植物）

管胞是一个细长的细胞，两端斜尖。成熟时次生壁增厚且木质化，也常形成环纹、螺纹、梯纹、网纹或孔纹的样式（图 3-23）。原生质体消失，成为死细胞。上下排列的管胞分子以斜端互相连接，但不形成穿孔。水流的上升是由一个管胞斜端上的纹孔进入另一管胞内，所以输导能力不及导管。

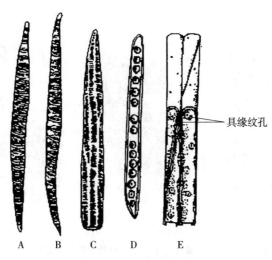

具缘纹孔

图 3-23　管胞的类型

A. 环纹管胞　B. 螺纹管胞　C. 梯纹管胞　D. 孔纹管胞　E. 4 个毗邻管胞的一部分其中 3 个管胞纵切，示纹孔的分布与管胞的连接方式

（方彦，2002. 园林植物）

（2）筛管和伴胞。筛管和伴胞是输送有机物质的输导组织。筛管是由一些上下相连的管状活细胞——筛管分子所组成。成熟的筛管分子仍然是生活细胞，但细胞核已经消失，许多细胞器（如线粒体、内质网等）退化，液泡被重新吸收，原生质体中出现特殊的含蛋白质（P 蛋白）的黏液，成为一种特殊的无核生活细胞。上下相连的两筛管分子，其横壁穿孔状溶解形成许多小孔，称筛孔。具有筛孔的横壁称筛板。筛管分子通过筛孔由原生质联络索相连，成为有机物运输的路途。多数被子植物中，筛管分子旁边有一个或几个狭长细尖的薄壁细胞，称伴胞。伴胞具有浓厚的细胞质、明显的细胞核和丰富的细胞器，它与筛管相邻的侧壁之间有胞间连丝相贯通。伴胞与筛管分子是由一个细胞分裂而来的，伴胞的功能与筛管运输物质有关（图 3-24）。

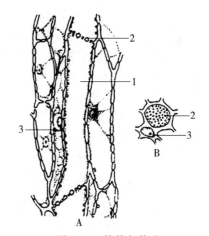

图 3-24　筛管与伴胞

A. 纵切面　B. 横切面

1. 筛管　2. 筛板　3. 伴胞

（方彦，2002. 园林植物）

5. 分泌组织　能产生、贮藏、输导分泌物质的细胞或细胞群，称为分泌组织。分泌组织可分为外分泌组织和内分泌组织。外分泌组织位于植物体的表面，其分泌物直接分泌到体外，常见的有腺毛、腺鳞、蜜腺、排水器等。内分泌组织埋藏在植物的薄壁组织

内，分泌物存在于围合的细胞间。常见的有分泌细胞、分泌腔、分泌道和乳汁管。能够分泌某些特殊的物质，如蜜汁、乳汁、树脂等。油菜、桃等的花中；棉花叶背中脉处、柑橘叶及果皮上均有蜜腺能分泌蜜汁；棉茎皮层有分泌腔；甘薯、无花果、桑树、三叶橡胶树等具有乳汁管，能分泌乳汁；松树分泌道分泌的松脂，可提取松香和松节油（图 3-25）。

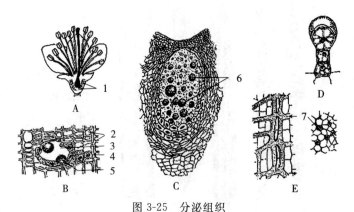

图 3-25 分泌组织

A. 桃花的蜜腺 B. 松的树脂道（横切） C. 柑橘果皮上的油囊 D. 天竺葵的腺毛

E. 蒲公英的有节乳汁管（纵切-左横切-右）

1. 蜜腺 2. 木质细胞 3. 树脂道 4. 分泌细胞 5. 球形树脂 6. 油滴 7. 乳汁管

（徐汉卿，1995. 植物学）

（三）维管束的概念及类型

植物体内的各种组织不是孤立存在的，它们彼此紧密配合，共同执行着各种机能，从而使植物体成为有机统一体。在蕨类和种子植物中，有一种以输导组织为主体，由输导组织、机械组织、薄壁组织共同组成的复合组织，称维管组织。维管组织系统在植物体内常呈束状排列，所以又称维管束（图 3-26）。维管束由木质部和韧皮部两部分组成。韧皮部由筛管、伴胞、韧皮纤维和韧皮薄壁细胞构成；木质部由导管、管胞、木质纤维和木质薄壁细胞构成。维管束具有输导、支持等作用，它贯穿在根、茎、叶、花、果实等各器官中，形成一个复杂的维管系统。

切开白菜、向日葵、甘蔗等的茎，可看到里面有丝状的"筋"，便是一个个维管束。双子叶植物、裸子植物的维管束中，木质部和韧皮部之间有形成层，经分裂能增生新的木质部和韧皮部，这种维管束称为无限维管束。一般单子叶植物的维管束内无形成层，这种维管束又称为有限维管束。

植物的根、茎、叶、花、果实等各个部分，都是由许多不同的组织组成的，它们互相联系，构成一个完整的植物体（图 3-27）。

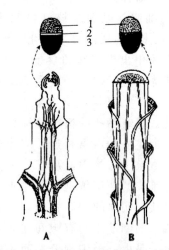

图 3-26 植物体内的维管束系统

A. 双子叶植物维管束系统

B. 单子叶植物维管束系统

1. 韧皮部 2. 形成层 3. 木质部

（宋志伟，2013. 植物生产与环境）

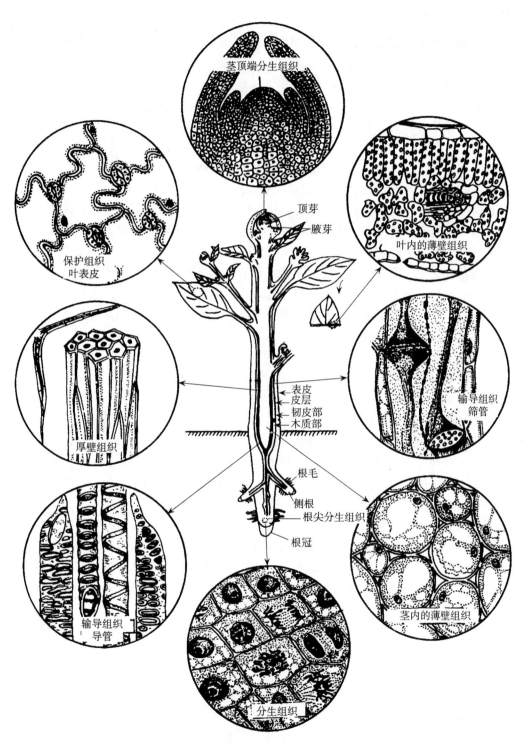

图 3-27　高等植物各种组织在体内的分布

（闵健，1998. 植物基础）

四、组织实施

1. 观察植物的成熟组织 分辨保护组织、薄壁组织、机械组织、输导组织、分泌组织等在植物体内分布的位置及细胞特征。

（1）保护组织。

①观察叶下表皮。取蚕豆叶片，将其背面向上，放在左手食指上；用中指和大拇指夹住叶片两端，用镊子撕取下一小块下表皮，制作成临时装片，置低倍镜下观察，可见下表皮由形状不规则、凸凹嵌合、排列紧密的细胞组成。在表皮细胞之间还分布着一些由两个半月形保卫细胞组成的气孔器。选择一个较清晰的气孔器，转换高倍镜仔细观察，它由两个肾形保卫细胞和气孔缝组成（无副卫细胞），注意观察保卫细胞内含的叶绿体。

②观察叶上表皮。撕取小麦叶上表皮制作成临时装片置低倍镜下观察，可见表皮结构是由许多长形细胞组成。换用高倍镜观察，可见气孔器是由两个哑铃形保卫细胞组成，在保卫细胞两旁还有一对菱形的副卫细胞。在有些植物的表皮上还可看到表皮毛和腺毛。

③观察茎的周皮。取椋树枝条观察，其表面上白色颗粒状突起为皮孔。用指甲轻轻刮下最外呈褐色的一层，即为木栓层，内面呈绿色的部分为栓内层，两者之间为木栓形成层，三者合称为周皮。在局部区域木栓形成层向外分裂产生薄壁细胞，形成次生通气组织（皮孔）。另取椴树茎横切片观察周皮的结构。

（2）薄壁（基本）组织。

①观察吸收组织。取萝卜根尖制作压片，置显微镜下观察根毛的形态和结构特点。

②观察贮藏组织。取一小块马铃薯块茎，用双面刀片进行徒手切片，选取较薄的切片放在载玻片上，加1滴蒸馏水后盖上盖玻片置显微镜下观察淀粉贮藏细胞的结构特点。

③观察同化组织。取夹竹桃叶片做徒手横切片，制成临时装片，置于显微镜下观察，了解叶肉栅栏组织和海绵组织的结构和功能特点。

④观察通气组织。观察水稻老根横切制片，在水稻老根的皮层中有一部分细胞解体，形成大的空腔（气腔），具有通气的作用，被称为通气组织。

（3）机械组织。

①观察厚角组织。取南瓜茎横切片，先在低倍镜下观察，找到棱角处，再换高倍镜由外而内观察，最外一层排列整齐的扁平细胞为表皮，细胞外壁向外突出形成表皮毛，紧靠表皮内方的皮层中，有几层染成黄绿色的细胞，为生活细胞，其细胞壁在角隅处加厚，有时还可看到细胞内的叶绿体，即为厚角组织。

②观察厚壁组织。在厚角组织内方，有几层椭圆形的薄壁细胞，在其内方有几层染成红色的细胞，其细胞壁均匀加厚并木质化，细胞腔较小，无原生质体，是死细胞，即为厚壁组织中的纤维。

取梨靠近中部的一小块果肉，挑取其中一个砂粒状的组织置载玻片上，用镊子柄部将其压散，在载玻片上加蒸馏水并盖上盖玻片观察，可见大型薄壁细胞包围着颜色较暗的石细胞群，其细胞壁异常加厚，细胞腔很小，具有明显的纹孔。取下制片，在盖片一侧滴40%盐酸一小滴，在另一侧用吸水纸吸去盖片内的水分，材料被盐酸浸透3～5min后，再加5%间苯三酚酒精溶液，置于显微镜下观察，可见石细胞壁中的木质素遇间苯三酚发生樱红色或紫红色反应（此方法常用于检验鉴别细胞壁中木质素的成分）。

（4）输导组织。取一小段油菜幼根，置于载玻片上，用镊子柄将其压扁、压散，然后用盐酸-间苯三酚染色制片，在镜下观察，可见多条红色的各种导管。调节显微镜细调节轮，清楚可见导管次生壁不均匀加厚的各种花纹。

取南瓜茎纵切永久切片置于显微镜下观察，在导管所在区域的两侧即为韧皮部。韧皮部一般着蓝色，有许多纵向连接的管状细胞为筛管。两个筛管连接处的横隔称筛板，筛管旁边是伴胞。

（5）分泌组织。

①取柑橘果皮制作临时装片，镜下观察可见一种分泌组织——分泌腔。它是由许多薄壁细胞围拢成圆形的腔状结构，其中有挥发油存在。

②取松幼茎横切片观察韧皮部和木质部中的分泌道（树脂道）。

③取蒲公英根横切片观察乳汁管。

2. 观察维管束

（1）双子叶植物的无限维管束。取南瓜茎横切片观察，可见南瓜茎中央为星状的髓腔，围绕髓腔的薄壁组织内有 5 个较大和 5 个较小的维管束彼此相间排列。

（2）单子叶植物的有限维管束。取玉米茎（或水稻茎）横切片观察，可见在基本组织中分散着许多维管束。

3. 观察结果报告

（1）通过观察，列表比较不同类型成熟组织的细胞形态、特征、功能和在植物体内的分布等各方面的异同点（表 3-5）。

表 3-5 植物各种成熟组织的比较

成熟组织	类型	特点	功能	在植物体中的分布
保护组织				
薄壁组织				
机械组织				
输导组织				
分泌组织				

（2）绘制 2～3 个导管和筛管结构图。

4. 点评与答疑　教师对各小组的任务完成情况进行点评，解答学生对本任务学习过程中提出的疑问。

5. 考核与评价　见表 3-6。

表 3-6 观察植物的成熟组织

名称	观察植物的成熟组织											
评价项目	考核评价内容	自评			互评			师评			总评		
		优秀	良好	加油	优秀	良好	加油	优秀	良好	加油	优秀	良好	加油
训练态度 （10分）	目标明确，能够认真对待、积极参与												

（续）

名称		观察植物的成熟组织											
评价项目	考核评价内容	自评			互评			师评			总评		
		优秀	良好	加油	优秀	良好	加油	优秀	良好	加油	优秀	良好	加油
团队合作（10分）	组员分工协作，团结合作配合默契												
实训技能 成熟组织的类型及特点（20分）	理论掌握到位，各类组织特征分析合理												
显微镜下鉴别各种成熟组织（20分）	正确使用显微镜观察切片，操作规范无误												
学习效果（20分）	各种成熟组织位置正确，绘图科学规范												
安全文明意识（10分）	不拆卸配件，不私自调换镜头，不用手揩抹镜头												
卫生意识（10分）	实训完成及时打扫卫生，保持实训场所整洁												
综合评价													

五、课后探究

1. 植物的分生组织有哪些类型？在植物体上是如何分布的？其活动的结果怎样？分别举出2个实例。

2. 叶的表皮细胞和老茎表层的周皮各属哪类保护组织？它们为适应其保护功能在形态和结构上各有什么特点？

3. 花生的花开在地上，为何果实在地下土壤中形成？

任务五　观察根的结构

学习目标

1. 能熟练掌握根尖结构及各部分特点。

2. 能区分双子叶植物根的初生结构和单子叶植物根结构上的异同点。

3. 能熟练使用显微镜，并能指出单子叶植物根横切面各种结构的名称。

任务要求

用铲子从田间挖出小麦、水稻、玉米、棉花、大豆等植物的根，或在实验室提前培养小麦、水稻、玉米、棉花等植物幼苗。

课前准备

1. 工具 铲子、显微镜、放大镜、镊子、刀片、解剖针、载玻片、盖玻片、吸水纸、1‰番红溶液、培养皿。

2. 材料 蚕豆（或大豆、棉花、向日葵等）根初生结构横切片、玉米（或小麦等）幼根横切片、桑（或向日葵等）老根横切片。

一、任务提出

1. 生产或生活中常见的植物哪些是双子叶植物？哪些是单子叶植物？请举例。
2. 植物根是通过哪个部位吸收水分和无机盐的？
3. 禾本科植物的根不能增粗，而大豆、棉花的根却能增粗，这是为什么？

二、任务分析

根是植物的地下营养器官，不但有固着植物体的作用，还能从土壤中吸收水和无机盐。如果把一株植物所有的根连接在一起可达600km，那么如此发达的根是如何形成的？根的功能有哪些？根的结构有什么特点？

完成该学习任务，首先要了解双子叶植物和单子叶植物，即被子植物的两大类，双子叶植物和单子叶植物的根本区别就在于种子的胚在发育过程中形成子叶的数目不同，形成2片子叶的植物称为双子叶植物，形成1片子叶的植物则是单子叶植物。不同类型植物的根其内部结构基本相同，初生结构都是由表皮、皮层和维管柱（中柱）三部分组成，不同的是双子叶植物的根有次生生长，即维管形成层和木栓形成层的产生和活动，而单子叶植物的根无次生生长，因而不产生形成层，故无增粗生长。

三、相关知识

（一）根尖的结构

从根的顶端到着生根毛的部位称根尖（图3-28），其长度一般为1~5cm。根尖是根系中生命活动最活跃、最旺盛的部分，是根系行使吸收、分泌、合成等功能的主要部位。根的伸长、根系的形成以及根内组织的分化都是在根尖进行的。根尖从顶端起依次分为根冠、分生区、伸长区、成熟区（根毛区）4个部分。各区的细胞形态、结构不同，除根冠外，其余各区之间无明显的界限。

1. 根冠 位于根尖的最前端，它由许多

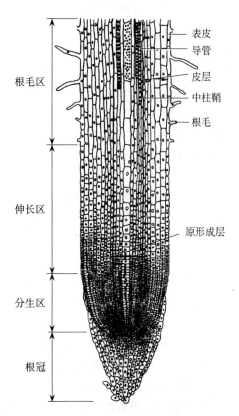

图3-28 根尖纵切面（示各分区的细胞结构）
（王建书，2008. 植物学）

表皮
导管
皮层
中柱鞘
根毛
根毛区
伸长区
原形成层
分生区
根冠

着色较浅的薄壁细胞组成，外形像一顶"帽子"，具有分泌黏液的功能，可使土粒表面润滑，减少根尖在土壤中推进产生的阻力，并且在根表形成一种吸收表面，以促进离子交换、溶解和可能螯合某些营养物质。

根冠与根的向地性有关。根冠的中央部分细胞中含有淀粉体，它可以感受重力，起着"平衡石"的作用，保证根的向地性生长。在根的生长过程中，根冠外部细胞不断脱落，而其内部细胞不断分裂向外补充新的细胞，因此根冠始终维持相对稳定的形状。

2. 分生区 位于根冠的上方，整体形状类似圆锥，又称为生长锥、生长点，长 1～2mm，细胞体积小、壁薄、质浓、核大、无液泡或液泡小，排列紧密，具有强烈的分生能力。分生区细胞分裂不断产生新细胞，少数细胞补充到根冠，以补偿根冠损伤脱落的细胞；大部分细胞经生长和分化，成为伸长区的一部分，是产生和分化成根各部分结构的基础；同时，始终有一部分具有分生能力的细胞保持分生区的体积和功能。

3. 伸长区 位于分生区的上方，长 2～5mm，由分生区产生的细胞发展而来。伸长区细胞逐渐失去分裂能力，细胞内出现较大液泡，能使细胞迅速增大，并纵向伸长，同时根内各种组织已开始分化，最早的筛管和导管相继出现。根的伸长是分生区细胞的分裂、增大和伸长区细胞的延伸共同活动的结果，特别是伸长区细胞的伸长生长是根尖深入土层的主要推动力。

4. 成熟区（根毛区） 位于伸长区上方，细胞已停止生长，并且分化成熟，形成各种成熟组织，该区表皮密生根毛，亦称为根毛区，是根吸收水分和无机盐的主要部位。

不同植物的根毛数量差异较大。据调查，湿润环境中玉米根毛区的表皮每平方毫米有根毛 425 根，豌豆有 230 根，水生植物常常缺乏根毛或比较稀少，少数陆生植物如圆葱、花生等植物无根毛。根毛的存在大大增加了根的吸收面积，是根部吸收功能的主要部位。在土壤干旱的情况下，根毛会发生萎蔫而死亡，从而影响吸收，这是土壤干旱造成减产的主要原因之一。在育苗移栽时提倡带土移苗，尽量减少根尖和根毛的损伤，提高幼苗成活率。移栽后采取充分灌溉和修剪部分枝叶等措施，防止植物过度蒸腾失水而死亡。

根毛的寿命只有几天或十几天，当老的根毛死亡时，由相邻的伸长区形成新的根毛，随着根尖的向前生长，根毛区的位置也不断向前推进。失去根毛的成熟区主要起输导和支持作用。

（二）双子叶植物根的结构

具有两片子叶的植物称为双子叶植物，如棉花、油菜、蓖麻、豆类、瓜类等。

1. 双子叶植物根的初生结构 根尖分生区细胞经过分裂、生长、分化，形成各种成熟组织的过程，称为根的初生生长。由根的初生生长产生的结构称为根的初生结构。根的初生结构位于根毛区，由外向内可分为表皮、皮层和中柱（维管柱）三部分（图 3-29）。

（1）表皮。位于根的成熟区最外层，由一层表皮细胞组成，细胞整齐近似长方体，长轴与根纵向平行，排列紧密、无细胞间隙，细胞壁（由纤维素和果胶构成）薄，水和无机盐可以自由通过。很多细胞的外壁突出形成管状根毛，扩大了根的吸收面积，其主要功能是吸收水分和无机盐，所以幼根根毛区表皮的吸收作用显然比其保护作用更重要。根的表皮无角质层和气孔器，这对于保证水分和溶于水中的物质内渗有重要意义。

（2）皮层。位于表皮和中柱之间，由数层排列疏松的大型薄壁细胞组成，有互相贯通的细胞间隙，在初生结构中占很大比例，是水分和无机盐从根毛到中柱的横向输导途径，也是幼根贮藏营养物质的场所，皮层还具有一定的通气作用，例如一些水生、湿生植物在皮层中

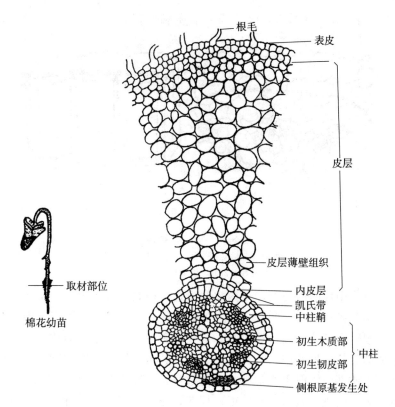

图 3-29　棉花根初生结构横切面
（宋志伟，2013. 植物生产与环境）

发育有气腔、通气道等。另外，皮层还是根进行合成、分泌等作用的主要场所。薄壁细胞中常贮藏有很多后含物，其中以淀粉粒最为常见。

①外皮层。皮层最外面1～2层排列整齐、形状较小、无细胞间隙的细胞为外皮层。外皮层细胞的细胞壁由纤维素组成，水分和无机盐在外皮层形成初期可以通过。当表皮上的根毛枯死，表皮脱落时，外皮层细胞的细胞壁增厚、木栓化成为保护组织（临时保护作用），这部分根的吸收功能也因此减弱。

②中皮层。外皮层以内数量较多、体积较大、排列疏松、整齐的薄壁细胞为中皮层，有明显的胞间隙，具有贮藏、运输和通气功能。

③内皮层。皮层最内一层细胞为内皮层，细胞排列紧密，无细胞间隙，细胞的侧壁和上下壁有带状加厚区域，环绕细胞一圈，称为凯氏带（图 3-30）。凯氏带的形成对根的吸收具有重要意义：它的存在阻断了皮层和中柱间的质外体运输途径，当根吸收水分和无机盐时，只能通过内皮层细胞的外壁→原生质体→内壁进入中柱，无法通过细胞壁（凯氏带），使根的吸收具有选择性，同时防止中柱里的溶质倒流入皮层，以维持维管组织中的流体静压力，使水分和无机盐源源不断地进入导管。因此，内皮层在植物吸收、运输水分和无机盐的过程中起着极为重要的作用。

（3）中柱。中柱也称维管柱（由原形成层发育而来），是内皮层以内的整个中心部分，包括中柱鞘、初生木质部、初生韧皮部和薄壁细胞四部分。中柱在根的初生结构横切面中所占比例较小。

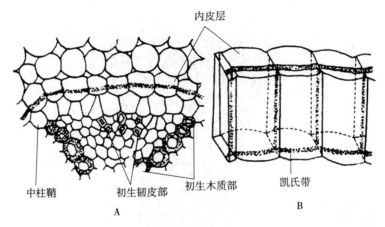

图 3-30　内皮层结构

A. 根的部分横切面　B. 内皮层细胞立体图

（邓玲姣，2014. 植物与植物生理）

①中柱鞘。位于中柱的最外层，与内皮层毗连，由紧贴内皮层的一层或几层薄壁细胞组成。细胞体积较小、排列紧密，并具有潜在的分生能力，在一定条件下，中柱鞘细胞能分裂产生侧根、不定根、不定芽、乳汁管以及一部分维管形成层和木栓形成层。

②初生木质部。位于根的中央，由导管、管胞、木纤维、薄壁细胞组成。横切面上呈辐射状排列，初生木质部的辐射角通常有一定的数目，一般为 2～5 束（烟草、马铃薯、油菜、番茄等植物有 2 束；豌豆、紫云英有 3 束；棉花、花生、南瓜、向日葵有 4 束；梨、苹果有 5 束），分别称为二原型、三原型……木质部的束数在某些植物中是恒定的，具有系统分类的价值，如二原型在石竹科、十字花科占优势。少数作物的不同品种之间，其原生木质部的束数有时会发生变化，如甘薯、花生、茶（5 束、6 束、8 束、12 束）等（图 3-31）。此外，同一植物的不同根中原生木质部的束数也会出现差异，如花生的主根初生木质部辐射角有 4 束，侧根有 2 束；茶的侧根原生木质部辐射角较主根的少，只有3～4 束（图 3-32）。初生木质部辐射角的束数多少与根的发育状态、根的粗细有一定关系。

初生木质部整体呈辐射状，在分化过程中是由外向内呈向心式逐渐成熟的，这种分化方式称为外始式。

初生木质部由原形成层细胞分化而来，其主要功能是运输水分和无机盐。根毛从土壤中吸收的水分和无机盐，经过皮层进入中柱，然后由木质部的导管和管胞输送到地上部的各个器官中。

③初生韧皮部。位于两个初生木质部辐射角之间，与初生木质部相间排列，由筛管、伴胞、韧皮纤维、薄壁细胞组成。束的数目与初生木质部数目相等。初生韧皮部的主要功能是运输有机物。叶片光合作用制造的有机物，通过韧皮部的筛管和伴胞输送到植物的根、茎、叶、花、果实等部分供利用。初生木质部与初生韧皮部合称初生维管组织。其发育方式与初生木质部相同，也是外始式。

④薄壁细胞。位于初生韧皮部和初生木质部之间的一层或几层薄壁细胞，这些细胞能恢复分裂能力，成为形成层的一部分。

少数双子叶植物的根由于木质部没有继续向中柱中心分化，维管柱的中央由薄壁细胞组成，称为髓，如花生、蚕豆、茶等。但多数双子叶植物的根中央被初生木质部所占满，因而没有髓。

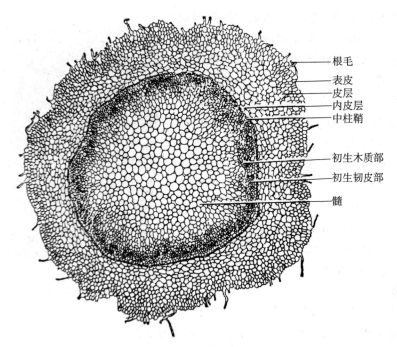

图 3-31 茶的主根横切面（示初生结构）

（李扬汉，1999.植物学）

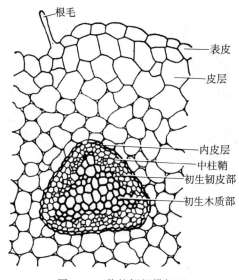

图 3-32 茶的侧根横切面

（李扬汉，1999.植物学）

2. 双子叶植物根的次生结构 大多数双子叶植物和裸子植物，尤其是多年生木本植物的根，在完成其初生生长后，由于维管形成层和木栓形成层的产生及分裂活动，不断产生次生维管组织和周皮，使根的直径增粗，这种生长过程称为次生生长。次生生长所形成的结构，称为次生结构。双子叶植物的次生结构由外向内依次为：周皮（木栓层、木栓形成层、栓内层）、韧皮部（初生韧皮部、次生韧皮部）、形成层、木质部（次生木质部、初生木质部）和射线等部分，有些植物还有髓（图 3-33）。

（1）维管形成层的产生及其活动。维管形成层又称形成层，由初生韧皮部和初生木质部之间的薄壁细胞和一部分中柱鞘细胞恢复分裂能力而产生的细胞组成。

①维管形成层的形成。首先，位于初生韧皮部内侧的保持未分化状态的薄壁细胞进行分裂，形成几个弧形片段式的形成层，成为维管形成层的主要部分。然后这些形成层片段两端的细胞继续分裂，使形成层片段沿初生木质部辐射角逐步扩展，直至与中柱鞘相接。此时，对着初生木质部辐射角处的中柱鞘细胞脱分化，恢复分裂能力，成为形成层的一部分，从而使整个形成层连接成一圈，即形成层环，呈波浪形筒状，从横切面看则是波浪形环状。

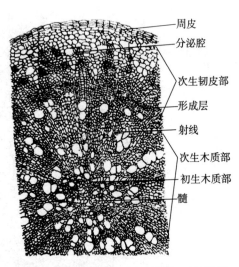

图 3-33　棉花老根次生结构横切面的局部
（邓玲姣，2014. 植物与植物生理）

图 3-34 为几个弧形片段式的形成层（薄壁细胞）进行分裂逐渐连接成一个波浪形的维管形成层的过程。

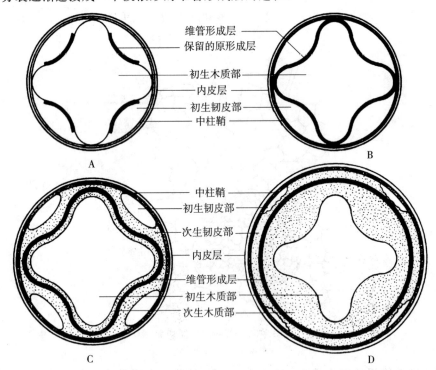

图 3-34　维管形成层的发生与活动示意
A～D. 几个弧形片段式形成层（薄壁细胞）进行分裂逐渐形成一个波浪形的维管形成层的过程
（王建书，2008. 植物学）

②维管形成层的活动。维管形成层一经发生后，向外分裂产生次生韧皮部（包括筛管、伴胞、韧皮薄壁细胞和较少的韧皮纤维），加在初生韧皮部的内侧，向内分裂产生次生木质部（包括导管、管胞、木纤维和木薄壁细胞），加在初生木质部外侧，二者合称为次生维管

组织。维管形成层环上各处的分裂速度并非均匀一致，所分化出的次生木质部和次生韧皮部在数量比例上也不相同。通常情况下，分化形成的次生木质部细胞多于次生韧皮部细胞，且波浪状形成环的凹部是最先形成和最早进行分裂的部位，其分裂速度很快，所以初生韧皮部及次生韧皮部被推向外围，波浪状的维管形成层环也逐渐变成了圆形的环。形成层变为圆环后，其各区断分裂速度相等，使根不断增粗，形成层的位置也不断外移。一般植物的根中，形成层活动产生的次生木质部数量远大于次生韧皮部，因此横切面上次生木质部往往占据很大的比例。在根的增粗过程中，由于初生韧皮部比较柔弱，常常被挤压于次生韧皮部之外，有时只剩下压碎后的残余部分，其输导同化产物的功能则由次生韧皮部来承担（图 3-35）。

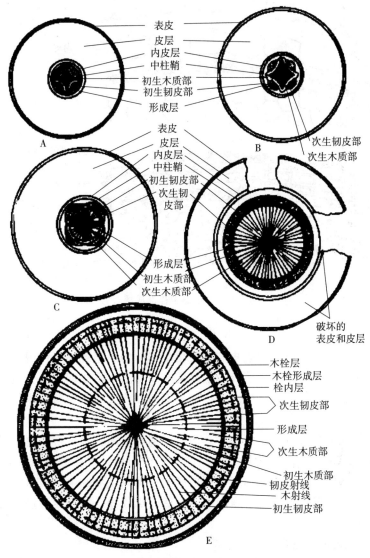

图 3-35　棉花根次生生长过程示意

A. 形成层片段的出现　B. 形成层呈波浪状环形　C. 形成层呈圆环状

D. 皮层的破裂　E. 棉花根的次生结构

（郑湘如，2006. 植物学）

维管形成层还可以在次生木质部和次生韧皮部之间产生一些呈辐射状排列的薄壁细胞，称为维管射线。根据射线存在的部位不同，又可分为木射线和韧皮射线，它有利于水分、养分的横向运输、贮藏等。

（2）木栓形成层的产生及其活动。木栓形成层是由中柱鞘细胞恢复分裂能力形成的。它的活动，向外产生木栓层，向内产生少量薄壁细胞，即栓内层，三者合称为周皮（图3-36）。木栓层是细胞栓质化的死细胞，属于次生保护组织，它不透水、不透气，增强了防止水分散失和抵抗病虫害侵袭的作用。

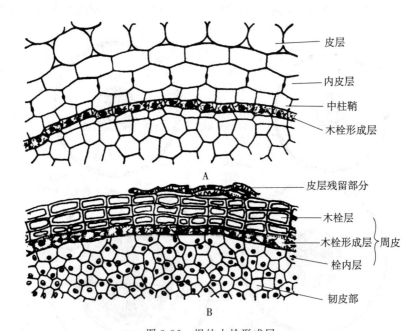

图 3-36　根的木栓形成层

A. 葡萄根中的木栓形成层由中柱鞘细胞发生　B. 橡胶树根中的木栓形成层活动的结果（形成周皮）

（贺学礼，2007. 植物学）

木栓层形成后，中柱鞘以外的表皮和皮层由于养分的隔绝逐渐死亡脱落，根的最外层由木栓层代替表皮保护着。木栓形成层分裂活动的时间有限，不久即失去分裂能力而成为木栓细胞。当木栓形成层失去作用时，栓内层或韧皮部的细胞又能产生新的木栓形成层，再形成新的周皮，故老根外面是由多层周皮所覆盖。

少数双子叶植物的根没有次生生长，其内皮层细胞的细胞壁常常在原有凯氏带的基础上再覆盖一层木化纤维层，增厚变为厚壁的结构。这种结构常发生在横壁、径向壁和内切向壁，而外切向壁是薄的，也有全部细胞壁都增厚的。少数正对原生木质部的内皮层细胞仍然保持薄壁状态，这种薄壁细胞称为通道细胞。皮层的水分和溶质只能通过通道细胞进入初生木质部，缩短了输导距离。

（三）单子叶植物根的结构

以小麦、水稻等禾本科植物为例，单子叶植物的根由表皮、皮层和中柱三部分组成。与双子叶植物相比，最突出的特点是它不产生维管形成层和木栓形成层，不能进行次生生长（图3-37）。

1. 表皮　表皮是由根的最外一层排列紧密的细胞组成，具有吸收和保护功能。该区细

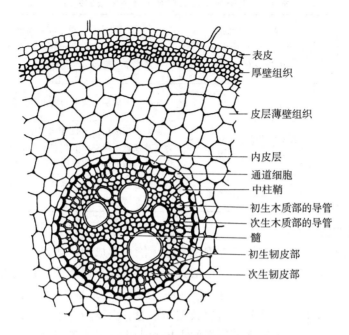

图 3-37　小麦老根横切面
（邓玲姣．2014．植物与植物生理）

胞寿命较短，当根毛枯死后，表皮往往解体脱落。

2. 皮层　靠近表皮的一至数层细胞在根生长后期变为厚壁组织，起支持和保护作用。部分植物幼根皮层细胞形成较大的细胞间隙，以利于通气，如水稻老根的皮层细胞，有明显的气腔，并与茎、叶的气腔相通，成为良好的通气组织（图3-38）。叶片中的氧气可通过气腔进入根部，供给根呼吸。但是水稻3叶期前，通气组织尚未形成，根所需要的氧气要靠土壤供应，故这段时间的畦面不能长时间保持水层。

内皮层细胞的细胞壁，在生长后期常发生五面壁（即侧壁、上下壁和内壁）加厚，只有靠近皮层的外切向壁不加厚，在横切面上呈马蹄形，这些皮层细胞能阻止水分和无机盐进入中柱。而正对着木质部辐射角的内皮层细胞壁不增厚，这

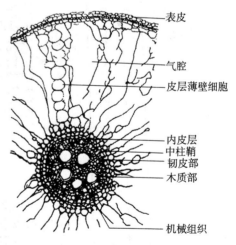

图 3-38　水稻老根横切面
（宋志伟，2013．植物生产与环境）

些细胞称通道细胞，水分和无机盐可通过通道细胞进入维管柱。

3. 中柱　又称维管柱，其最外面一层薄壁细胞为中柱鞘，可产生侧根。初生木质部辐射角数目一般6束以上（小麦7~8束，水稻6~10束，玉米12束）。初生韧皮部与初生木质部辐射角相间排列，二者之间的薄壁细胞不能恢复分裂能力，不产生形成层，故无增粗生长。禾本科植物中柱的中央有髓，后期可发育为厚壁组织，起支持作用。

由此可见，单子叶植物根与双子叶植物根在结构上有很大差异（表3-7）。

表 3-7　单子叶植物根与双子叶植物根的差异

序号	要点	双子叶植物的根	单子叶植物的根
1	初生木质部辐射角数目	一般 2～5 束	一般多于 6 束
2	维管形成层	有维管形成层，能使根均匀增粗	无维管形成层，故根的增粗生长有限
3	木栓形成层	有木栓形成层，故老根外面由多层周皮所覆盖	无木栓形成层，生长后期，靠近表皮的数层皮层细胞变为厚壁细胞，起支持和保护作用；内皮层五面壁加厚，横切面呈马蹄形，有通道细胞；水稻根的皮层会形成气腔
4	髓	多数双子叶植物无髓	有髓或髓腔，根发育后期，髓转变为厚壁细胞，增强了中柱的支持和巩固作用

（四）侧根的发生

侧根是由根毛区的一部分中柱鞘细胞恢复分生能力形成的。侧根发生时，中柱鞘一定部位的细胞原生质变浓，细胞变小，细胞核增大，细胞恢复分裂活动，首先进行切向分裂，增加细胞层数，然后进行各个方向的分裂，产生一团细胞，形成侧根原基，分化方向由内向外，这部分中柱鞘细胞顶端逐渐分化为生长点和根冠。由于新的生长点的不断分裂、生长和分化，逐渐伸长向外突出，最后穿过母根的皮层和表皮，形成侧根（图 3-39）。

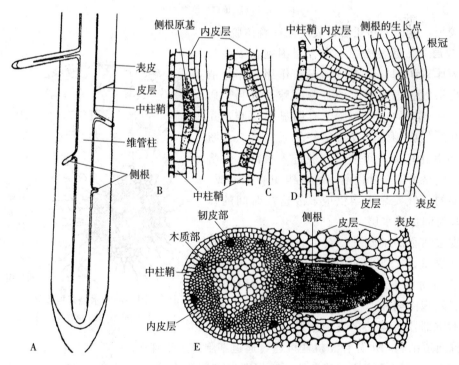

图 3-39　侧根的发生
A. 侧根发生的图解　B～E. 侧根发生的顺序
（宋志伟，2010. 植物生产与环境）

侧根在维管柱鞘上产生的位置，常随植物种类而不同。在二原型的根中，侧根发生于原生木质部与原生韧皮部之间或正对原生木质部的地方，前者侧根的行数为原生木质部辐射角的倍数，如胡萝卜为二原型木质部，侧根有 4 行；后者侧根只有 2 行，如萝卜；在三原型、四原型根中，侧根多发生于正对原生木质部的地方，在这种情况下，侧根行数与初生木质部辐射角的个数相等，如棉花为四原型，其侧根有 4 行；在多原型的根中，侧根多正对原生韧皮部而发生（图 3-40）。

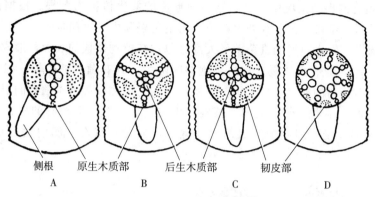

侧根　　原生木质部　　后生木质部　　韧皮部

A　　　　B　　　　C　　　　D

图 3-40　不同原型的根中，侧根发生位置的图解
A. 二原型　B. 三原型　C. 四原型　D. 多原型
（仿 Esau）

侧根的产生，扩大了根的吸收面积，增强了整个根系的吸收和固着能力。侧根产生的多少和快慢与植物根系的形成、发育，吸收水分、养分的效率密切相关。农业生产中移植、假植、中耕、施肥等措施，都有利于侧根的形成。

（五）根瘤和菌根

有些土壤微生物能侵入某些植物根部，与宿主建立互助互利的共生关系，称为共生。根瘤和菌根就是高等植物的根部形成的共生结构。

1. 根瘤　是由固氮细菌、放线菌侵染宿主根部细胞而形成的一些大小不等的瘤状突起。通常所讲的根瘤主要是由土壤中的根瘤细菌等侵入宿主根毛后，在皮层大量繁殖，刺激皮层细胞分裂，从而使皮层膨大，向外突出而形成的瘤状共生结构（图 3-41）。

根瘤菌最大的特点是具有固氮作用。植物根供给根瘤菌水、无机盐、糖类等养料，根瘤菌能固定空气中的游离氮，合成含氮化合物，除供本身需用外，还供给植物需要。一般情况下，二者各得其利，但在某些特殊情况下，也会发生矛盾。例如，当植物体内缺糖时，根瘤细菌的固氮

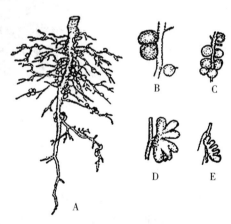

图 3-41　几种植物的根瘤
A、B. 大豆　C. 菜豆　D. 豌豆　E. 紫云英
（宋志伟，2013. 植物生产与环境）

作用就会减弱甚至停止，此时的根瘤细菌只摄取植物根系细胞内的营养物质，却不能供给可利用的氮素，因而豆科作物的幼苗往往表现为生长缓慢、叶色较浅等缺氮症状。所以，在豆科植物的早期生长时，施用基肥或早期追施适量的氮肥是十分必要的。除了豆

科植物可以固氮外，植物界中的早熟禾属、看麦娘属等也能够结瘤、固氮。部分有固氮能力的非豆科植物已被利用于造林、固沙、改良土壤。

一般土壤中缺乏根瘤菌，同时，不同植物需要不同类型的根瘤菌，因此，生产中常根据植物种类选择不同类型的根瘤菌制剂，通过拌种来提高植物的产量。

2. 菌根　植物的根与土壤中的真菌结合而形成的共生体称为菌根。根据菌丝在根中生长分布的部位不同，可将菌根分为外生菌根、内生菌根和内外生菌根。

（1）外生菌根。外生菌根的真菌菌丝大部分包被在植物幼根的表面，形成白色丝状覆盖层（图3-42 A、B），只有少数侵入皮层细胞的间隙中，具有菌丝的根较一般的根略粗。外生菌根多见于木本植物的根上，如云山、马尾松、杨、山毛榉等木本植物的根。

（2）内生菌根。小麦、葱、葡萄、核桃、柑橘、李、兰科等植物的根，则是由真菌菌丝通过细胞壁大部分侵入到幼根皮层的活细胞内，呈盘旋状态，属内生菌根（图3-42C、D）。

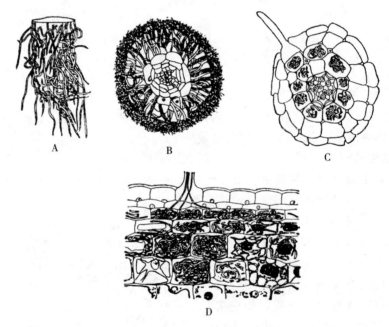

图 3-42　菌　根

A. 栎的外菌根外形　B. 松外菌根横切面结构　C. 小麦内菌根横切面结构

D. 舌唇兰属之一种内菌根纵切面结构

（李扬汉，1999. 植物学）

（3）内外生菌根。除以上两种菌根外，自然界中还有一些植物同时具备内生菌根和外生菌根，即内外生菌根，它是内生菌根和外生菌根的混合型，是高等植物与真菌共生的高度适应类型，如苹果、银白杨、柳属等植物均属此类。

与绿色植物共生的菌根，可以从植物中获得所需的有机物，而真菌除供给植物水分和无机盐外，还能促进细胞内贮藏物质的溶解，增强呼吸作用，产生维生素，促进根系生长，有的菌根还有固氮作用。共生的真菌能加强植物根部的吸收能力。外生菌根代替了根毛作用，扩大了根的吸收面积，对提高植物根部吸收水分和无机盐的效率尤其显著。在造林上常利用真菌给苗木接种，使其与真菌建立良好的共生关系，促进它们的生长发育。

四、组织实施

1. 观察根尖的外形及内部结构

（1）取小麦、水稻、玉米、棉花、大豆等植物的根，清水洗掉泥土，用肉眼或放大镜观察新鲜根尖的外部形态，辨别类似"帽子"的根冠、分生区、伸长区、根毛区。

（2）取新鲜的玉米根尖，将其纵切，制成临时装片，在显微镜下边观察边移动切片来辨认根冠、分生区、伸长区、根毛区所在的部位，然后转高倍镜仔细观察各部位细胞的形态、结构和特点。

①根冠。位于根尖的最尖端，由数层薄壁细胞组成，排列疏松，外层细胞较大，内部细胞较小，整个形状似帽，罩在分生区外部。

②分生区。包于根冠之内，长 1~2mm，由排列紧密的小型多面体细胞组成。细胞壁薄、核大、质浓，染色较深，有时可见到有丝分裂的分裂相。

③伸长区。位于分生区上方，长 2~5mm，此区细胞一方面沿长轴方向迅速伸长，另一方面细胞开始分化，向成熟区过渡。细胞内均有明显的液泡，核移向边缘。

④根毛区。位于伸长区上方，表面密生根毛，根毛是由表皮细胞外壁向外延伸而形成的管状突起。此区中央部分可见到已分化成熟的螺纹、环纹导管。

2. 观察双子叶植物根的初生结构

取棉花幼根横切片，在显微镜下观察，从外到内辨认以下各部分：

（1）表皮。表皮是幼根的最外层细胞，排列整齐紧密，细胞壁薄，在切片上可观察到有些表皮细胞向外突出形成根毛，注意根的表皮细胞有无气孔器。

（2）皮层。位于表皮之内，由多层薄壁细胞组成，紧接表皮的 1~2 层排列整齐紧密的细胞为外皮层，皮层最内一层细胞排列整齐紧密为内皮层。内皮层和外皮层之间的数层薄壁细胞为皮层薄壁细胞，细胞大，排列疏松，具有发达的细胞间隙。内皮层细胞具有凯氏带，棉花横切面上可见凯氏带被番红染成红色。

（3）维管柱。内皮层以内部分为维管柱，位于根的中央，由中柱鞘、初生木质部、初生韧皮部和薄壁细胞四部分组成。

①中柱鞘。紧接内皮层里面的一层薄壁细胞，排列整齐而紧密，即为中柱鞘。中柱鞘细胞可转变成具有分裂能力的分生细胞，侧根、不定根、不定芽、木栓形成层和维管形成层的一部分能发生于中柱鞘。

②初生木质部。初生木质部呈辐射状排列，在切片中有些细胞被染成红色，明显可见，辐射角尖端是最先发育的原生木质部，细胞管腔小，由一些螺纹和环纹导管组成。辐射角的后方是分化较晚的后生木质部，细胞管腔大，注意有哪几种类型组成。

③初生韧皮部。位于初生木质部两个辐射角之间，与初生木质部相间排列，该处细胞较小、壁薄、排列紧密，其中呈多角形的是筛管或薄壁细胞，呈三角形或方形的小细胞为伴胞。初生韧皮部外侧为原生韧皮部，内侧为后生韧皮部。在蚕豆根的初生韧皮部中，有时可见一束厚壁细胞即韧皮纤维。

④薄壁细胞。介于初生木质部和初生韧皮部之间的细胞，当根加粗生长时，其中一层细胞与中柱鞘的细胞联合起来发育成为形成层。

3. 双子叶植物根次生结构的观察

取棉花（或向日葵）老根横切片，先在低倍镜下观察周皮、次生维管组织和中央的初生木质部的位置，然后在高倍镜下观察次生结构的各个部分。

（1）周皮。位于老根最外方，在横切面上呈扁方形，径向壁排列整齐，常被染成几层棕红色的无核木栓细胞，即为木栓层。在木栓层内方，有一层被固绿染成蓝绿色的扁方形的薄壁活细胞，细胞质较浓，有的细胞能见到细胞核，即木栓形成层。在木栓形成层的内侧有1～2层较大的薄壁细胞，即栓内层。

（2）初生韧皮部。在栓内层以内，大部分被挤压而呈破损状态，一般分辨不清。

（3）次生韧皮部。位于初生韧皮部内侧被固绿染成蓝绿色的部分为次生韧皮部，它由筛管、伴胞、韧皮薄壁细胞和韧皮纤维组成。其中细胞口径较大，呈多角形的为筛管；细胞口径较小，位于筛管的侧壁呈三角形或长方形的为伴胞；韧皮薄壁细胞较大，在横切面上与筛管形态相似，常不易区分；细胞壁薄，被染成淡红色的为韧皮纤维。此外，还有许多薄壁细胞在径向方向上排列成行，呈放射状的倒三角形，为韧皮射线。

（4）维管形成层。位于次生韧皮部和次生木质部之间，是由一层由扁长形的薄壁细胞组成的圆环，染成浅绿色，有时可观察到细胞核。

（5）次生木质部。位于形成层以内，在次生根横切面上占较大比例。被番红染成红色的部分是次生木质部，它由导管、管胞、木薄壁细胞和木纤维细胞组成。其中口径较大，呈圆形或近圆形，增厚的木质化次生壁被染成红色的死细胞为导管，管胞和木纤维在横切面上口径较小，可与导管区分，一般也被染成红色，其中木纤维细胞壁较管胞壁更厚。此外，还有许多被染成绿色的木薄壁细胞夹在木纤维细胞之间。呈放射状、排列整齐的薄壁细胞为木射线。木射线与韧皮射线是相通的，可合称为维管射线。

（6）初生木质部。在次生木质部之内，位于根的中心，呈星芒状。

观察根的次生结构，还可用椴树或洋槐根作为实验材料，徒手横切、染色，制成临时装片，进行观察。

4. 观察单子叶植物根的结构　取小麦或水稻根横切永久制片，在显微镜下观察，从外到内辨认以下各部分。

（1）表皮。表皮是幼根的最外层细胞，排列整齐紧密，细胞壁薄，表皮内有数层厚壁组织。

（2）皮层。皮层位于表皮之内，由多层薄壁细胞组成，紧接表皮的1～2层排列整齐紧密的细胞为外皮层，最内一层细胞排列整齐紧密为内皮层。内皮层细胞多为五面加厚，并栓质化，在横切面上呈马蹄形，仅外向壁是薄壁，在正对初生木质部处的内皮层细胞常不加厚，保持薄壁状态，即为通道细胞。

（3）维管柱。初生木质部辐射角数目在6束以上，且不到达根的中央，维管柱中央是薄壁细胞组成的髓，占据根的中心，为单子叶植物根的典型特征之一。没有形成层和木栓形成层这样的次生构造。

5. 观察结果报告

（1）绘制棉花幼根横切面结构图，并注明各部分结构名称。

（2）绘制小麦或水稻根的横切面结构图，并注明各部分结构名称。

6. 点评与答疑　教师对各小组的任务完成情况进行点评，解答学生在本任务学习过程中提出的疑问。

7. 考核与评价 见表 3-8。

表 3-8 观察根的结构

名称		观察根的结构										
评价项目	考核评价内容	自评			互评			师评			总评		
		优秀	良好	加油	优秀	良好	加油	优秀	良好	加油	优秀	良好	加油
训练态度（10分）	目标明确，能够认真对待、积极参与												
团队合作（10分）	组员分工协作，团结合作配合默契												
实训技能　双子叶植物及单子叶植物根的结构特点（20分）	理论掌握到位，各类组织特征分析合理												
显微镜下区分各组成部分的结构特点（20分）	正确使用显微镜观察切片，操作规范无误												
学习效果（20分）	各种成熟组织位置正确，绘图科学规范												
安全文明意识（10分）	不拆卸配件，不私自调换镜头，不用手揩抹镜头												
卫生意识（10分）	实训完成及时打扫卫生，保持实训场所整洁												
综合评价													

五、课后探究

1. 通过对双子叶植物和单子叶植物根的内部结构观察，试从根的结构特点说明根是如何适应吸收机能的。

2. 比较单子叶植物根的结构与双子叶植物根初生结构的异同点。

3. 侧根的形成与哪些因素有关？对植物的生产有何意义？生产中如何促进侧根的大量发生？

4. 试述生产上为何"午不浇园"。

任务六　观察茎的结构

 学习目标

1. 能正确描述芽的内部结构。

2．能熟练识别双子叶植物和单子叶植物茎的结构及各部分特征。

3．能熟练地使用显微镜观察双子叶植物和单子叶植物茎的结构。

 任务要求

采集悬铃木或刺槐的芽、甘薯或蒲公英的根芽、黄瓜或棉花的芽、榆树的枝芽、苹果或梨的芽，向日葵、棉花、小麦、玉米等植物幼茎，一年生杨树茎，棉花老茎。

课前准备

1．工具 显微镜、擦镜纸、镊子、解剖针、放大镜、刀片、载玻片、盖玻片、吸水纸、盐酸、4％间苯三酚酒精染色剂。

2．材料 向日葵和棉花幼茎横切片、棉花老茎的横切片、小麦或玉米茎横切片。

一、任务提出

1．比较悬铃木或刺槐芽、甘薯或蒲公英的根芽、黄瓜或棉花的芽、榆树的枝芽、苹果或梨的芽，看看有什么不同。

2．双子叶植物和单子叶植物茎的内部结构由哪几部分组成？它们有什么异同点？

3．年轮是怎样形成的？

二、任务分析

茎是由芽发育来的，不同植物的茎的形态虽不一样，但其基本功能却是相同的。双子叶植物和单子叶植物茎的结构与其根的结构相似，也是由表皮、皮层和中柱（也称维管柱）三部分组成。正是这种相似的结构组成，形成了水分和物质运输的通道。双子叶植物的茎逐年生长、加粗，茎的形成层在外界环境影响下进行周期性的活动，形成了年轮。而单子叶植物的茎没有次生生长，茎是不能增粗的。在学习该任务时，要注意双子叶植物的茎是如何增粗的，茎内形成层的产生与根内有何异同点？

三、相关知识

（一）芽的结构

芽的类型有多种，叶芽由生长锥、叶原基、腋芽原基、幼叶、芽轴等部分组成（图3-43）。把叶芽纵切，将其置于放大镜或显微镜下观察，可见叶芽中央有一个轴，称芽轴，它是未发育的茎。轴的顶端呈圆锥形，称生长锥，由分生组织组成。在生长锥基部的周围有一些突起，称叶原基，将来可发育成叶。在较大叶原基的叶腋内，又产生小突起，称腋芽原基，将来可发育成腋芽。越靠近叶原基下部的叶原基发生越早，分化程度越高，并具有叶的形状。

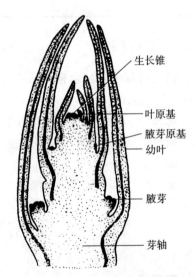

生长锥

叶原基

腋芽原基

幼叶

腋芽

芽轴

图3-43 叶芽的纵切面
（邓玲姣，2014．植物与植物生理）

如果是花芽（图 3-44 A），其顶端的周围产生花各组成部分的原始体或花序的原始体。花芽中没有叶原基和腋芽原基，顶端也不能无限生长。混合芽同时发育为枝、叶和花，如苹果、梨、榆树的顶芽便是混合芽（图 3-44 B、C）。有些木本植物的叶芽或花芽还有芽鳞包在外面。

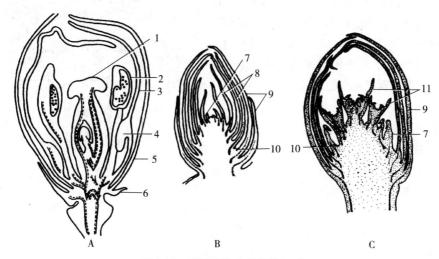

图 3-44 不同植物花芽的纵切面
A. 小檗的花芽 B. 榆树的花芽 C. 苹果的花芽
1. 雌蕊 2. 雄蕊 3. 花瓣 4. 蜜腺 5. 萼片 6. 苞片 7. 叶原基 8. 幼叶 9. 芽鳞
10. 枝原基 11. 花原基
（陆时万，1991. 植物学）

（二）茎尖及其分区

茎的尖端称为茎尖，它的结构和根尖基本相同，都具有顶端分生组织，不同的是，由于茎尖所处的环境及其生理功能与根尖不同，故没有类似根冠的结构，而分生区却形成了一些叶原基突起，增加了茎尖结构的复杂性。当叶芽萌发伸长时，通过茎尖纵切面观察可以看到从芽的顶端到基部依次是分生区、伸长区和成熟区。实际上，茎尖与根尖一样，它们的每个区都处于动态变化中，因此，各区之间没有明显的界线。

1. 分生区 分生区位于茎尖的顶端，一般呈半球形，由分生组织组成，通过细胞分裂增加细胞的数量和体积。在分生区的后部周围，生有若干个小突起，将来发育成叶，称为叶原基。通常在第二或第三个叶原基腋部生出一些小的突起物，将来发育成腋芽，称为腋芽原基。该区最主要的特点是细胞具有强烈的分裂能力，茎的各种组织均由此分化出来。

2. 伸长区 伸长区位于分生区后方，包括几个节和节间，细胞停止分裂。该区最主要的特点是细胞迅速伸长，因此节间长度增加。茎尖伸长区的长度一般比根的伸长区长，它是顶端分生组织发展为成熟组织的过渡区域，也是茎生长的主要部位。

3. 成熟区 成熟区位于伸长区后方，细胞的有丝分裂和伸长生长趋于停止，其特点是各种成熟组织的分化基本完成，已具备幼茎的初生结构。

（三）双子叶植物茎的结构

1. 双子叶植物茎的初生结构 双子叶植物幼茎的顶端分生组织经细胞分裂、伸长和分化所形成的结构称为初生结构。将幼嫩的茎横切，自外向内依次是表皮、皮层和中柱（也称维管柱）三部分（图 3-45）。

（1）表皮。表皮是植物幼茎最外面的一层细胞，由于不含叶绿体，故表皮是无色透明的。它来源于初生分生组织的原表皮，是茎的初生保护组织。在横切面上表皮细胞为长方形，排列紧密，无间隙，细胞外壁较厚形成角质层，表皮有少数气孔分布，是进行气体交换的通道。外壁生有表皮毛或腺毛，具有分泌和保护功能（图 3-46）。表皮的这种结构特点既能防止茎内水分过度散失和病虫害的入侵，又不影响通气和透光，还能使幼茎内的绿色组织正常地进行光合作用，是植物对环境适应性的体现。

（2）皮层。皮层位于表皮以内、中柱以外，主要由排列疏松的薄壁细胞组成。靠近表皮的几层细胞常有成束或相连成片的厚角组织分布，这在一定程度上加强了幼茎的支持作用。在薄壁组织和厚角组织细胞中常含有叶绿体，能进行光合作用，因此幼茎常呈绿色。幼茎皮层中具有厚角组织和绿色组织的特点，在土壤中的幼根皮层中是不具备的。有

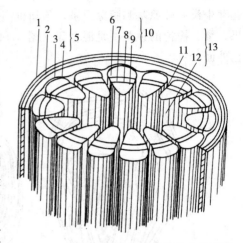

图 3-45　双子叶植物茎初生结构的立体图解

1. 表皮　2. 厚角组织　3. 含叶绿体的薄壁组织　4. 无色的薄壁组织　5. 皮层　6. 韧皮纤维　7. 初生韧皮部　8. 形成层　9. 初生木质部　10. 维管束　11. 髓射线　12. 髓　13. 维管柱

（陈忠辉，2004. 植物与植物生理）

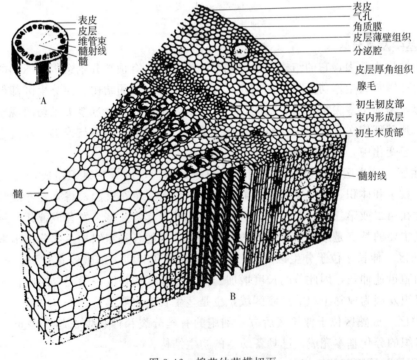

图 3-46　棉花幼茎横切面

A. 简图　B. 部分结构详图

（宋志伟，2013. 植物生产与环境）

些植物的茎缺乏机械组织，但其薄壁细胞有明显的胞间隙，形成通气组织，如水生植物。有些植物茎的皮层中有分泌腔（如棉花、向日葵）和乳汁管（如甘薯）等分泌结构。有些则具有含晶体和单宁的细胞（如花生、桃）。还有一些木本植物茎的皮层中有石细胞群的分布。

（3）中柱。中柱是皮层以内所有部分的总称。它包括维管束、髓、髓射线三部分。大多数植物的幼茎内没有中柱鞘，或不明显。

①维管束。维管束是由初生木质部和初生韧皮部共同组成的分离的束状结构。在横切面上许多维管束排成一环，每个维管束都是由初生韧皮部、束内形成层和初生木质部组成。多数植物的初生韧皮部位于维管束的外侧，由筛管、伴胞、韧皮薄壁细胞和韧皮纤维组成，主要功能是输导有机物。初生木质部位于维管束内侧，由导管、管胞、木质薄壁细胞和木质纤维组成，主要功能是输送水分和无机盐，并有支持作用。形成层位于初生木质部和初生韧皮部之间，细胞比较整齐、扁平，具有分生能力，它的不断分裂，能产生新的次生结构。

茎的维管束在发育过程中，其初生韧皮部从原形成层外侧开始，由外至内进行向心发育，初生木质部则是从原形成层内侧开始进行离心发育，茎初生木质部的这种发育顺序称为内始式，这与根的初生木质部的外始式发育顺序截然不同。

马铃薯、甘薯、南瓜等少数植物，其维管束的外侧和内侧都是韧皮部，中间是木质部，外侧的韧皮部和木质部之间有形成层，这类维管束称双韧维管束。麻类作物茎的初生结构有比较发达的韧皮纤维，其品质一般以初生韧皮纤维较好（图3-47）。

②髓。髓位于幼茎中央，由体积较大的薄壁细胞组成，常含有淀粉粒，有时髓中也有含晶体和单宁的异细胞，故髓具有贮藏养料的功能。有些植物的茎在形成时，由于髓早期死亡变为中空，如南瓜、蚕豆等。

③髓射线。髓射线位于皮层和髓之间，是各个维管束之间的薄壁细胞。在横切面上呈放射状，连接着皮层和髓，具有横向运输的作用，同时也是茎内贮藏营养物质的组织。

2. 双子叶植物茎的次生结构　多年生双子叶植物的茎和裸子植物的茎，在初生结构形成后，侧生分生组织活动使茎不断增粗。侧生分生组织和根中一样，包括维管形成层和木栓形成层两类。维管形成层和木栓形成层细胞分裂、生长和分化，产生次生结构的过程称为次生生长，由此产生的结构为次生结构。

双子叶植物茎的次生结构自外向内依次是周皮（木栓层、木栓形成层、栓内层）、皮层（有或无）、初生韧皮部、次生韧皮部、形成层、次生木质部、初生木质部、髓（有或无）、髓射线及维管射线（图3-48）。

（1）维管形成层的产生及其活动。原形成层发育为初生组织时，在初生韧皮部和初生木质部之间

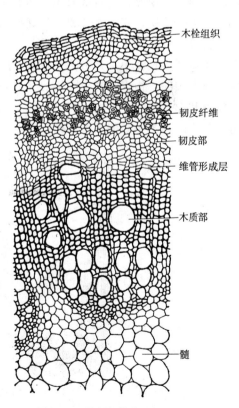

图3-47　苎麻茎横切面的一部分
（李扬汉，1999. 植物学）

木栓组织

韧皮纤维

韧皮部

维管形成层

木质部

髓

保留着一层具有分生能力的组织，即形成层。由于这部分形成层位于维管束范围之内，故称为束中形成层。在茎的初生结构中，维管束内的束内形成层被髓射线隔开，互不连接。当次生结构开始形成时，与束内形成层相邻的髓射线细胞逐步恢复分生能力，变为束间形成层，并与束内形成层相连，形成一个形成层环，即维管形成层。束内形成层细胞继续分裂，向外产生次生韧皮部，向内形成次生木质部，由于向内分裂的细胞多，故次生木质部比次生韧皮部发达。束内形成层还能在韧皮部和木质部内形成许多呈辐射状排列的薄壁细胞，这些薄壁细胞称为维管射线，它具有横向运输和贮藏养料的功能。束间形成层分裂时，向内、向外产生大量的薄壁细胞，使髓射线不断延长。

维管形成层的活动常因气候因素的影响而呈周期性的变化。一个生长期中所产生的次生木质部（即木材）构成一个生长轮。由于温带气候规律性的变化，生长在这里的树木其形成层活动也是有周期性的。春季气候温和，雨水充足，适宜形成层活动，

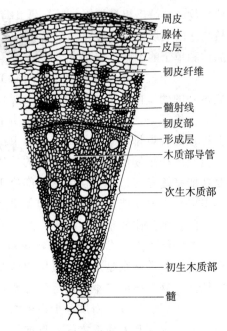

图 3-48　棉花老茎横切面
（宋志伟，2013. 植物生产与环境）

木质部生长很快，其中导管和管胞直径较大而壁薄，因此，这部分木材质地较疏松，颜色较浅，构成早材；秋季气温逐渐下降，水分短缺，不适宜树木生长，维管形成层的活动逐渐减弱，木质部生长量小，其中的导管和管胞直径较小而壁较厚，因此，这部分的木材质地较坚实且颜色较深，构成晚材。同年的早材和晚材之间的转变是逐渐的，无明显界限，但头一年的晚材和第二年的早材之间有明显的界线，形成一个年轮（图 3-49、图 3-50）。年轮的数目可作为推断树木年龄的参考依据。

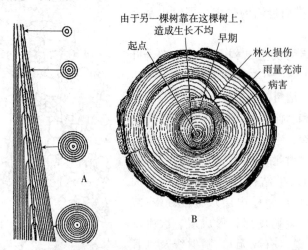

图 3-49　树木的年轮
A. 具 10 年树龄的茎干纵、横切面图解（示不同高度年轮数目的变化）
B. 树干横切面（示生态条件对年轮生长状况的影响）
（宋志伟，2010. 植物生产与环境）

（2）木栓形成层的产生及其活动。不同植物茎的木栓形成层来源不同（图3-51）。多数木栓形成层由皮层的薄壁细胞形成（如杨树、榆树等），但也有一些植物是由表皮细胞（如苹果、李、柳、夹竹桃等）或厚角组织（如花生、大豆等）转变而成，有的木栓形成层则是在初生韧皮部发生（如茶、葡萄等）。木栓形成层向外分裂产生木栓层，向内产生栓内层。木栓层、木栓形成层和栓内层合称为周皮。周皮形成过程中，在原来表皮分布有气孔的部位，其内方的木栓形成层不形成木栓细胞，而是形成许多圆形排列疏松的薄壁细胞，称为补充组织。由于补充组织的不断增加，向外突出形成了裂口，这些裂口称为皮孔（图3-52）。皮孔是老茎的内部组织与外界进行气体交换的通道。

木栓形成层的活动时间有限，一般只有一个生长季，第二年时在第一次周皮的内部产生第二层新的木栓形成层，再形成新的周皮。这样，木栓形成层的位置则逐渐向内移动。木栓层不透水、不透气，使得木栓层以外的组织死亡，从而代替表皮起保护作用。在老茎中，新形成的木栓层阻断了其外周组织与茎内部组织之间的联系，使外周组织不能得到水分和养分的供应而死亡。这些失去生命的组织，包括历年产生的周皮，总称为树皮。通常说的树皮是指形成层以外的部分。

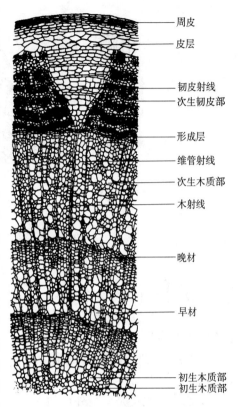

图 3-50　椴树 3 年生茎的横切面

（贺学礼，2007. 植物学）

图中标注（从上到下）：周皮、皮层、韧皮射线、次生韧皮部、形成层、维管射线、次生木质部、木射线、晚材、早材、初生木质部、初生木质部

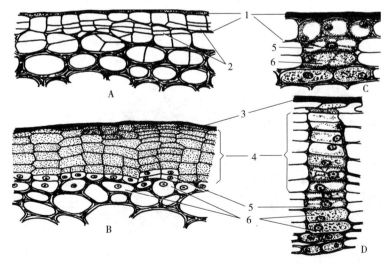

图 3-51　梨（A、B）和梅（C、D）茎的木栓形成层的发生与活动

1. 具角质层的表皮　2. 开始发生周皮时的分裂　3. 挤碎的具角质层的表皮细胞　4. 木栓层　5. 木栓形成层　6. 栓内层

（李扬汉，1984. 植物学）

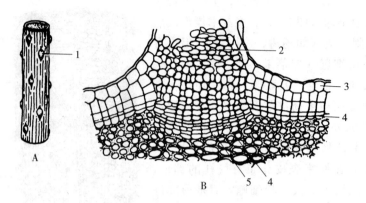

图 3-52　接骨木属植物皮孔的结构

A. 接骨木茎外形（示皮孔）　B. 皮孔的解剖结构

1. 皮孔　2. 补充组织　3. 表皮　4. 木栓形成层　5. 栓内层

（王建书，2008. 植物学）

（四）单子叶植物茎的结构

一般单子叶植物的茎只有初生结构，现以禾本科植物为例，如小麦、水稻、玉米、竹等植物的茎来说明。

禾本科植物茎节间内部维管束散生分布，没有皮层和中柱的界限，只能划分为表皮、基本组织和维管束三部分。

1. 表皮　表皮是茎最外面的一层细胞，其主要功能是对茎起保护作用。表皮上有少量的气孔。一些植物表皮细胞的细胞壁由于硅酸盐的沉淀而发生硅质化，可以增强茎秆的强度和对病虫害的抵抗能力。有的植物表皮外面还有蜡质覆盖，如甘蔗、高粱等。

2. 基本组织　基本组织主要由薄壁细胞组成。靠近表皮的几层薄壁细胞分化成波浪状分布的厚壁组织，可增强植物的抗倒伏性。根据基本组织是否充满整个茎内部，可以将禾本科植物的茎分为两种，即实心结构和空心结构。玉米、高粱等植物的茎内部充满基本组织，为实心结构（图 3-53）；而小麦、水稻等植物的茎内中央薄壁细胞解体，形成中空的髓腔，

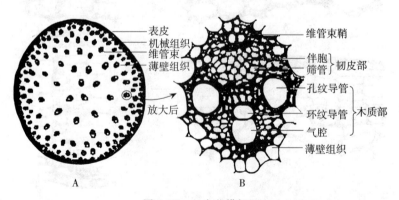

图 3-53　玉米茎横切面

A. 横切面图解　B. 一个维管束的放大

（宋志伟，2013. 植物生产与环境）

为空心结构（图 3-54）。通常抗倒伏的水稻品种髓腔较小，茎秆壁较厚，周围机械组织发达，维管束也较多。水稻基部节间的薄壁组织里分布着许多大型孔隙，称为气腔。它是水稻长期适应淹水条件下形成的良好的通气组织。

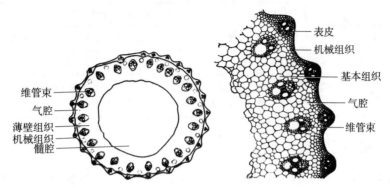

图 3-54　水稻茎横切面
（邹良栋，2016. 植物生长与环境）

3. 维管束　禾本科植物的维管束数目很多，散生在基本组织中，每个维管束基本上由韧皮部和木质部组成，属于有限维管束。它们在茎的横切面上有两种排列方式。一种是维管束排列成内、外两环，其中外环的维管束较小，位于近表皮的机械组织中，内环的维管束较大，位于近髓腔的薄壁组织中，如水稻、小麦等。另一种是茎内充满薄壁组织，维管束散生于其中，靠近茎边缘的维管束较小，排列紧密，位于茎中央的维管束较大，排列较稀。韧皮部向着茎的外面，木质部向着茎的中心，呈 V 形。V 形的上部有两个较大的孔纹导管，V 形的基部有 1 至几个较小的环纹或螺纹导管，下面还有一个气腔。每个维管束外面常由一圈厚壁组织组成的维管束鞘包围，增强了茎的支持作用（图 3-55）。

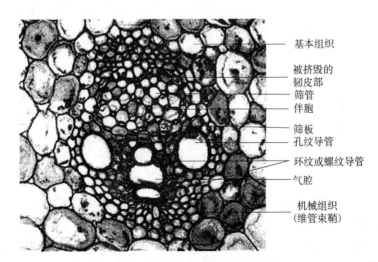

图 3-55　玉米茎的一个维管束的放大
（邹良栋，2016. 植物生长与环境）

禾本科植物与双子叶植物的茎结构差异很大，见表 3-9。

表 3-9　单子叶植物茎与双子叶植物茎差异

序号	要点	双子叶植物	单子叶植物
1	表皮	角质化，多年生木本植物表皮脱落	角质化、硅质化或木栓化，不脱落
2	初生结构	分为表皮、皮层、中柱三部分	无表皮、皮层、中柱之分
3	维管束	无限维管束，在茎中呈环状排列	有限维管束，在茎中散生，有维管束鞘
4	木质部	木质部导管多且分散	木质部导管呈 V 形
5	次生结构	有维管形成层和木栓形成层，产生次生结构，故茎可以不断增粗	无维管形成层和木栓形成层，不产生次生结构，故茎增粗有限

四、组织实施

1. 观察芽的结构　将准备好的悬铃木或刺槐芽、甘薯或蒲公英的根芽、黄瓜或棉花的芽、榆树的枝芽、苹果或梨的芽，用镊子、解剖针由外向内逐步剥离芽的各部分，用肉眼或放大镜逐一辨别其名称，小组讨论这些植物芽的类型。

2. 观察双子叶植物茎的初生结构　取棉花幼茎横切片，置于显微镜下自外向内依次观察各部分结构。

（1）表皮。位于茎的最外一层细胞，排列紧密，形状规则，细胞外侧壁较厚，有角质层，有的表皮细胞转化成单细胞或多细胞的表皮毛。注意有无气孔分布。

（2）皮层。位于表皮之内、维管束以外的部分，紧接表皮的几层比较小的细胞为厚角组织。厚角细胞的内侧是数层薄壁细胞，细胞之间有明显的细胞间隙，在薄壁细胞层中还可以观察到由分泌细胞所围成的分泌道的横切面。

（3）维管柱。层以内的部分为维管柱，在低倍镜下观察时，茎的维管柱明显分为维管束、髓、髓射线三部分。

①维管束。多呈束状，在横切面上许多染色较深的维管束排列成一环。

转换高倍镜，观察一个维管束，可见韧皮部和木质部呈相对排列，维管束外方是初生韧皮部，包括筛管、伴胞和薄壁细胞，在韧皮部最外面有一束染成红色的韧皮纤维。紧接韧皮部的是束中形成层，它位于初生韧皮部和初生木质部之间，是原形成层分化初生维管束后留下的潜在分生组织，由一层分生组织细胞经分裂演化成数层，在横切面上观察细胞呈扁平状、壁薄。形成层之内是初生木质部，包括导管、管胞、木纤维、木薄壁细胞。注意从细胞形态结构特点看它由内向外演化的过程，与根的演化有何不同。

②髓射线。是相邻两个维管束之间的薄壁组织，外接皮层，内接髓。

③髓。位于茎的中央部分，由薄壁细胞组成，排列疏松。

3. 观察双子叶植物茎的次生结构　取棉花老茎（或椴树茎）横切片，置显微镜下，从外向内观察其次生结构。

（1）表皮。在茎的最外面，有一层排列紧密的表皮细胞组成。但老的枝条上，表皮已不完整，大多脱落。注意有无皮孔分布。

（2）周皮。表皮以内的数层扁平细胞。观察时注意区别木栓层、木栓形成层和栓内层。

①木栓层。位于周皮最外层，紧接表皮沿径向排列数层整齐的扁平细胞，壁厚，栓质

化，是无原生质体的死细胞。

②木栓形成层。位于木栓层内方，只有一层细胞，在横切面上细胞呈扁平状，壁薄，质浓，有时可观察到细胞核。

③栓内层。位于木栓形成层内方，有1~2层薄壁的活细胞，常与外面的木栓细胞排列成整齐的径向行列，区别于皮层薄壁细胞。

（3）皮层。位于周皮之内，维管柱之外，由数层薄壁细胞组成。

（4）韧皮部。位于形成层之外，细胞排列呈梯形，其底边靠近维管形成层。在韧皮部中有成束被染成红色的韧皮纤维，其他被染成绿色的部分为筛管、伴胞和韧皮薄壁细胞。

与韧皮部相间排列着一些薄壁细胞，为髓射线，这些髓射线细胞越近外部越多越大，呈倒梯形，其底边靠近皮层。

（5）维管形成层。位于韧皮部内侧，由1~2层排列整齐的扁平细胞所组成，呈环状，被染成浅绿色。

（6）木质部。维管形成层以内染成红色的部分，即为木质部，在横切面上所占面积最大，在低倍镜下可清楚地区分为3个同心圆环，即3个年轮。观察时注意从细胞特点上区别早材和晚材。

（7）髓。位于茎的中心，由薄壁细胞组成。髓部与木质部相接处，有一些染色较深的小型细胞，排列紧密呈带状，为环髓带。

（8）射线。由髓的薄壁细胞辐射状向外排列，经木质部时，是1~2列细胞；至韧皮部时，薄壁细胞变多变大，呈倒梯形，即为髓射线，是维管束之间的射线。

在维管束之内，横向贯穿于次生韧皮部和次生木质部的薄壁细胞，即为维管射线。注意它和髓射线有什么区别。

4. 观察单子叶植物茎的结构　取玉米茎横切片，置于显微镜下自外向内依次观察各部分结构。

（1）表皮。在茎的最外一层细胞为表皮，在横切面上，细胞呈扁方形，排列整齐、紧密、外壁增厚，注意表皮上有无气孔。

（2）基本组织。在表皮之内被染成红色，由呈多角形紧密相连的1~3层厚壁细胞构成机械组织环，在机械组织以内为薄壁的基本组织细胞，占茎的绝大部分，其细胞较大，排列疏松，具明显胞间隙，越靠近茎的中央，细胞直径越大。

（3）维管束。在基本组织中，有许多散生的维管束，维管束在茎的边缘分布多，较小，在茎的中央部分分布少，较大。

在低倍镜下选择一个典型维管束移至视野中央，然后转高倍镜仔细观察维管束结构。

①维管束鞘。位于维管束的外围，由木质化的厚壁组织组成鞘状结构，此厚壁组织在维管束的外面和里面比侧面发达。

②韧皮部。位于茎的四周，木质部的外方被染成绿色，其中原生韧皮部位于初生韧皮部的外侧，但已被挤毁或仅留有痕迹。后生韧皮部主要由筛管和伴胞组成，通常没有韧皮薄壁细胞和其他成分。

③木质部。位于韧皮部内侧，被染成红色的部分为木质部，其明显特征是有3~4个导管组成V形，V形的上半部含有两个大的孔纹导管，两者之间分布着一些管胞，即为后生木质部；V形的下半部有1~2个较小的环纹、螺纹导管和少量薄壁细胞，即为原生木质部。

此内侧有一大空腔（气腔），注意它是怎样形成的。

5. 观察结果报告

（1）绘制棉花幼茎横切面部分图，并注明各部分结构名称。

（2）绘玉米茎横切面（包括一个维管束）部分图，并注明各部分结构名称。

（3）比较单子叶植物茎与双子叶植物茎初生结构的异同点。

6. 点评与答疑　教师对各小组的任务完成情况进行点评，解答学生对本任务学习过程中提出的疑问。

7. 考核与评价　见表 3-10。

表 3-10　观察茎的结构

名称		观察茎的结构											
评价项目	考核评价内容	自评			互评			师评			总评		
		优秀	良好	加油	优秀	良好	加油	优秀	良好	加油	优秀	良好	加油
训练态度（10分）	目标明确，能够认真对待、积极参与												
团队合作（10分）	组员分工协作，团结合作配合默契												
实训技能 双子叶植物及单子叶植物茎的结构特点（20分）	理论掌握到位，各类组织特征分析合理												
实训技能 显微镜下区分各组成部分的结构特点（20分）	正确使用显微镜观察切片，操作规范无误												
实训技能 学习效果（20分）	各种成熟组织位置正确，绘图科学规范												
安全文明意识（10分）	不拆卸配件，不私自调换镜头，不用手揩抹镜头												
卫生意识（10分）	实训完成及时打扫卫生，保持实训场所整洁												
综合评价													

五、课后探究

1. 试述植物嫁接的成活原理。单、双子叶植物的幼茎能互相嫁接吗？为什么？

2. 试阐述双子叶植物的茎为什么能不断增粗。

3. 做家具为什么心材比边材的质地好？

任务七　观察叶的结构

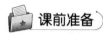

学习目标

1. 能熟练识别双子叶植物和单子叶植物叶的结构及各部分特征。
2. 能熟练使用显微镜识别双子叶植物和单子叶植物叶片结构的异同点。

任务要求

采集棉花或蚕豆新鲜叶片、水稻或小麦嫩叶等。

课前准备

1. 工具　显微镜、擦镜纸、镊子、解剖针、刀片、载玻片、盖玻片、吸水纸、滴瓶、碘液。

2. 材料　棉花、水稻、小麦等叶横切面永久切片。

一、任务提出

1. 为什么广玉兰、香樟、枇杷等植物的叶片具有明显的背腹面之分？
2. 禾本科植物叶片上的泡状细胞有什么生理作用？
3. 双子叶植物和单子叶植物叶片在结构上有哪些异同点？

二、任务分析

叶是植物制造有机养料的重要器官。叶片将光合作用制造的有机物，通过叶脉、叶柄的维管系统，输送到植物的茎、根以及其他器官，为植物的生长发育提供了物质保证，同时，根从土壤中吸收的水分和无机盐，通过维管系统输送到叶片，为植物光合作用提供必需的原料。完成该学习任务，要理解植物是如何通过叶片进行蒸腾作用的？叶面施肥、喷洒农药又是如何通过叶片吸收而进入植物体内的？

三、相关知识

（一）双子叶植物叶的结构

1. 叶柄结构　叶柄是连接叶片和茎的部分，具有运输养分、支撑叶片的作用。叶的组织系统与茎相同，即包括表皮组织、基本组织和维管组织。故双子叶植物叶柄的内部结构很像幼茎，可以分为表皮、皮层和中柱三部分，但有其自身的特点（图 3-56）。叶柄皮层的外围分布着较多的厚角组织，有时也有厚壁组织。这种机械组织既能增强对叶片的支持作用，又不妨碍叶柄的伸延、扭曲和摆动。叶柄的维管束与茎的维管束相连，

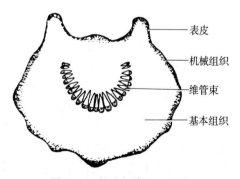

图 3-56　桃叶柄横切面轮廓
（李扬汉，1999. 植物学）

但由于叶是茎上的侧生物，叶柄的横切面中维管束排列方式出现多种形式，常见的为半环形，缺口向上。在每个维管束内，木质部位于靠茎一面，韧皮部在背茎一面，二者之间有一层形成层，但只能短期活动。

2. 叶片结构 双子叶植物的叶片在外形上形态各异，但其内部结构基本相似，都是由表皮、叶肉和叶脉三部分组成（图 3-57）。

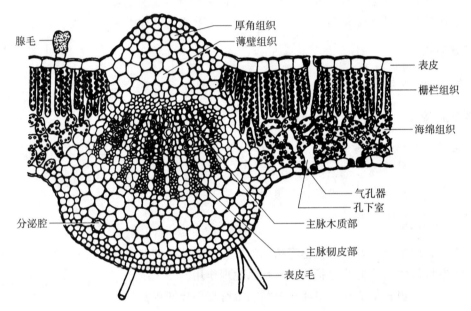

图 3-57 棉花叶片经主脉的部分横剖面
（宋志伟，2013. 植物生产与环境）

（1）表皮。表皮由表皮细胞、气孔器和排水器组成。

①表皮细胞。表皮覆盖于叶片的上下表面，是无色半透明的，由一层排列紧密、不规则、侧向凹凸不平、无细胞间隙的活细胞组成。从横切面上看，表皮细胞的形状十分规则，呈长方形。表皮细胞的外壁较厚，并覆盖有角质层，有的还有蜡质。角质层的发达情况常随植物的特性、发育年龄而有变化。通常幼嫩叶片的角质层不如成熟叶片的发达。角质层具有保护作用，可以降低植物体中水分的蒸腾散失，加强机械性能，防止病菌入侵，同时，角质层具有折光性，可以防止过度日照引起的损害，特别是热带植物中尤为明显。另外，角质层并不是完全不通透的，生产上采用的叶面施肥便是一部分通过气孔进入叶片，一部分通过角质层进入细胞。

②气孔器。叶表皮中有许多分散在表皮细胞间的气孔器，是由两个肾形的保卫细胞围合而成，它们之间裂生的细胞间隙称为气孔（图 3-58）。气孔器是叶片与外界环境之间气体交换的通道。有些植物（如甘薯）在保卫细胞之外，还有较整齐的副卫细胞。保卫细胞的细胞壁在靠近气孔部分增厚，而邻接表皮细胞一侧的细胞壁较薄，因此，两侧的伸延性不同，即近气孔的细胞壁扩张较小，而邻接表皮细胞方面的细胞壁扩张较大。当保卫细胞从邻近表皮细胞吸水膨胀时，气孔由于细胞壁较薄一侧的扩张大于近气孔较厚一侧的拉伸强度而张开；当保卫细胞失水收缩时，这种拉伸逐渐减弱，气孔关闭。因此，气孔的开闭能调节叶内外气体的交换和水分的蒸腾。

一般植物在正常的气候条件下，气孔的开闭具有周期性。通常气孔在清晨开启，有利于

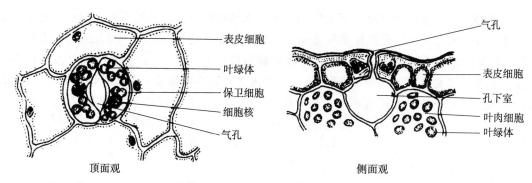

图 3-58　双子叶植物叶下表皮的气孔器
(邓玲姣，2014. 植物与植物生理)

光合作用；午前张开到最大，此时气孔蒸腾迅速加强，保卫细胞失水逐渐增多；中午前后，气孔关闭；下午当叶片内部水分逐渐增加后，气孔又再次张开；傍晚，由于光合作用停止，气孔完全关闭。气孔开闭的周期性随气候、水分条件、生理状态以及植物种类而有差异。

　　叶片表皮上气孔的类型、数目与分布，因植物种类而异，且与生态条件有关。大多数植物平均每平方毫米 100~300 个。一般植物下表皮气孔多于上表皮，如向日葵、小麦、玉米、棉花、马铃薯等。有些植物如茶、桑、苹果、桃、旱金莲等的气孔都集中在下表皮。漂浮在水面上的叶如莲、菱等，气孔器则分布在上表皮。还有一些植物的气孔只存在于下表皮的局部区域，如夹竹桃的气孔仅在凹陷的气孔窝部分。沉水植物的叶，一般没有气孔器。

　　在同一植株上，着生位置越高的叶片，其单位面积的气孔数目越多；同一叶片上，单位面积气孔的数目以近叶尖、叶缘处较多。这是因为叶尖和叶缘的表皮细胞较小，而气孔与表皮细胞的数目常有一定比例。多数植物叶的气孔与其周围的表皮细胞处于同一平面上。但旱生植物的气孔位置常常下陷，而长于湿地的植物其气孔位置相对较高，体现了气孔对不同环境条件的适应性。

　　③排水器。有些植物，如水稻、葡萄、番茄、马蹄莲等的叶尖或叶缘处还有排水结构，称为排水器（图 3-59）。排水器由水孔和通水组织组成。水孔与气孔相似，但它的保卫细胞分化不完全，没有自动调节开闭的功能。水孔的缝隙开而不闭，往往成为病菌入侵的通道。排水器内部有一群排列疏松的小细胞，与维管束末端（即脉梢）的管胞相连，称为通水组织。在温暖的清晨或夜晚，生长在潮湿环境中的植株，其叶尖或叶缘的水孔向外溢出液滴的现象称为吐水。吐水现象是判断植物根系吸收作用强弱的一种标志，也可以用来判断苗的长势强弱。

　　有的植物叶表皮上常有表皮毛，有的还具有蜡质，还有少数植物的叶表皮上具有分泌黏液、挥发油等物质的腺毛（如甘薯叶、茶幼叶、棉花叶等）。

　　（2）叶肉。叶肉是叶片进行光合作用的主要部分。它存在于上、下表皮之间，由于叶片两面光合作用不同，大多数植物的叶肉分化出栅栏组织和海绵组织。

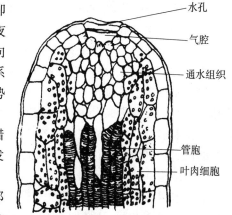

图 3-59　排水器的结构
(邓玲姣，2014. 植物与植物生理)

①栅栏组织。栅栏组织由一至数层圆柱状薄壁细胞组成，其长轴垂直相交于上表皮，细胞呈栅栏状紧密排列。栅栏组织的细胞层数和特点，随植物种类而异。棉花的栅栏组织只有1层，甘薯有1~2层，茶有1~4层，一些柑橘属植物有2~3层。有的叶肉中会分化出分泌腔，腔内含挥发油（如榕树）。栅栏组织细胞内含有较多叶绿体，所以叶的腹面（上表面）绿色较深。外界条件，尤其是光照度影响着栅栏组织细胞内叶绿体的分布及数量。强光下，叶绿体移动至细胞的侧壁，减少受光面积；弱光下，叶绿体分散在细胞质中，有利于充分利用散射光。生长季节里，叶绿素含量高于类胡萝卜素，故叶色浓绿；秋天，叶绿素减少，类胡萝卜素的黄橙色显现出来，于是叶色变黄。

②海绵组织。海绵组织是位于栅栏组织与下表皮之间的薄壁组织，该细胞形状不规则，排列疏松，细胞间隙发达，特别是在气孔内方，形成较大的气孔下室。气室与栅栏组织、海绵组织的细胞间隙相连，共同构成叶片内部的通气系统，并通过气孔与外界相通，有利于气体交换。海绵组织靠近下表皮，其内部叶绿体含量较少，因而叶的背面（下表面）颜色较浅。海绵组织也可以进行光合作用和气体交换。

大多数双子叶植物的叶具有明显的背腹面之分，故称为两面叶。没有明显的背腹之分的，则称为等面叶，如禾本科植物。

（3）叶脉（叶内维管束）。叶脉贯穿于叶肉中，其内部结构随脉的大小而有差异。主脉或大的侧脉由维管束（一个或几个）、机械组织和薄壁细胞组成，维管束中木质部位于上方，韧皮部在下方。机械组织位于叶脉上下近表皮处，特别是在叶片背面，主脉和大的侧脉尤为发达。机械组织内侧为薄壁组织，维管束位于薄壁组织内。中脉粗大，在木质部和韧皮部中间还有形成层，可进行短暂的微弱分裂，因而产生的次生组织不多。叶脉越细，结构越简单，先是机械组织和形成层逐渐减少直至消失；其次是木质部和韧皮部也逐渐简化至消失，最后只剩下1~2个筛管和管胞。维管束的周围除了数量众多的薄壁组织外，有些植物还有厚角组织（如甘薯）和厚壁组织（如柑橘、棉花）的分布，增强了叶片的机械支持作用。

叶脉的输导组织和叶柄的疏导组织相连，叶柄的输导组织又与茎、根的输导组织相连，从而使植物体内形成一个完整的输导系统。

（二）禾本科植物叶的结构

禾本科植物叶片也包括表皮、叶肉和叶脉三部分（图3-60）。

1. 表皮 表皮由表皮细胞、泡状细胞、气孔器组成。

（1）表皮细胞。表皮细胞正面观察时比较规则，排列成行，呈近长方形，有长细胞和短细胞两种类型（图3-61）。长细胞呈纵行排列，其长径与叶片方向一致，细胞的外侧壁不仅角质化，而且高度硅质化，形成硅质和栓质的乳突。长细胞与气孔器交互组成纵列，分布于叶脉相间处。短细胞又分为硅细胞和栓细胞，二者有规则地纵向相隔排列，分布于叶脉上方。许多禾本科植物的表皮中存在大量的硅质细胞，并常向外突出如齿或成为刚毛，增强了植物的抗病虫害和抗倒伏能力。农业生产中常通过施用硅酸盐或将无病的稻草还田等措施来增强植物细胞壁的硅化和提高抗病虫害性能。

（2）泡状细胞。泡状细胞是上表皮中分布于两个维管束之间的一类大型薄壁细胞，又称运动细胞（图3-62）。从横切面看，数个泡状细胞呈扇形排列，中间的细胞较大，两侧的细胞较小。泡状细胞具有很大的液泡，能贮存大量水分，与叶片的卷曲和开张有关，故又称为运动细胞。在小麦、玉米栽培过程中，如发现叶片卷曲，傍晚仍能复原，说明叶片蒸腾失水

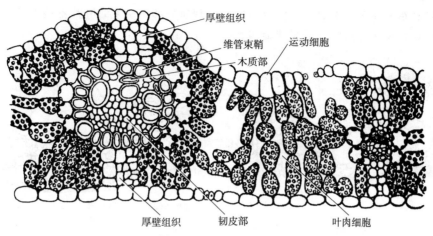

图 3-60　小麦叶横切面

（宋志伟，2013. 植物生产与环境）

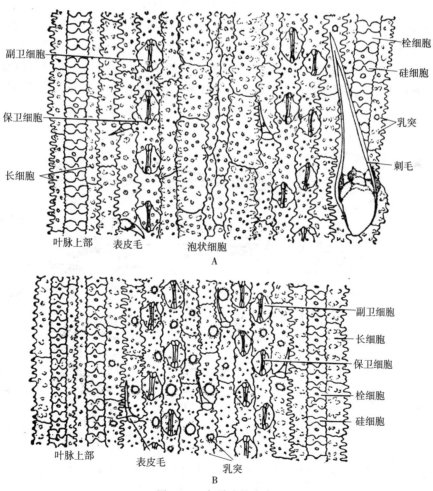

图 3-61　水稻叶的表皮

A. 上表皮的顶面观　B. 下表皮的顶面观

（李扬汉，1999. 植物学）

量大于根系吸水量，这是炎热干旱条件下常有的现象。如果傍晚时叶片不能展开，则说明土壤干旱严重，根系不能吸水，需尽快灌溉。

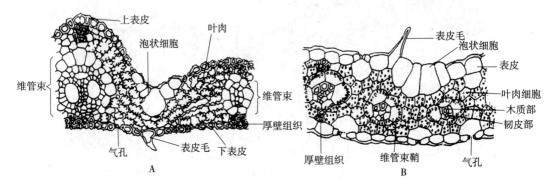

图 3-62　水稻和玉米叶片横切面

A. 水稻叶片横切面　B. 玉米叶片横切面

（邓玲姣，2014. 植物与植物生理）

（3）气孔器。禾本科植物的气孔器由保卫细胞、副卫细胞和气孔组成。气孔器分布在上、下表皮，其数目近乎相等，呈纵行排列，但在近叶尖、叶缘部位分布相对较多。气孔多的地方有利于光合作用，同时也增强了蒸腾失水。因此水稻插秧时，常把叶尖割掉，以减少水分散失。气孔器的保卫细胞呈哑铃形，两端膨大，壁较薄，中部狭窄且壁较厚。当保卫细胞吸水膨胀时，气孔张开；反之，气孔关闭。保卫细胞两侧各有一个近似菱形的副卫细胞（图 3-63）。

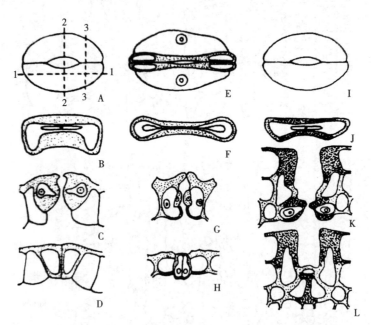

图 3-63　各类植物的气孔

A、E、I. 气孔的表面观，其他图示气孔的各种切面（在图 A 上说明）

B、F、J. 沿 1-1 面　C、G、K. 沿 2-2 面　D、H、L. 沿 3-3 面

E. 保卫细胞在高焦平面，因此不见细胞狭窄部分的细胞腔

（A~D. 梅属；E~H. 稻属；I~L. 松属）

（宋志伟，2010. 植物生产与环境）

2. 叶肉　禾本科植物的叶肉没有明显的栅栏组织和海绵组织的分化，为等面叶。水稻、小麦的叶肉细胞，排列为整齐的纵行，胞间隙小，每个细胞的形状不规则，其细胞壁向内皱褶，形成具有"峰、谷、腰、环"的结构（图 3-64）。这一结构有利于更多的叶绿体排列在细胞边缘，易于接受二氧化碳和光照，便于进行光合作用。当相邻叶肉细胞的"峰、谷"相对时，细胞间隙加大，有利于气体交换。

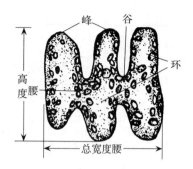

图 3-64　小麦叶肉细胞
（北京市农业学校，2010.
植物及植物生理学）

3. 叶脉　叶脉由木质部、韧皮部和维管束鞘组成，木质部在上，韧皮部在下，维管束内无形成层，在维管束外面有 1～2 层细胞包围着，即维管束鞘（图 3-65）。叶脉平行地分布在叶肉中。维管束鞘有两种类型：一类由一层体积较大、排列整齐的薄壁细胞组成，含有大而色深的叶绿体，积累淀粉的能力强，如玉米、甘蔗、高粱等。特别是在维管束周围紧密毗连着一圈呈"花环"状排列的叶肉细胞，这种结构有利于固定叶内产生的二氧化碳，提高光合作用效率，是四碳植物（C_4）的特征；另一类是由两层细胞组成，外层为含少量叶绿体的薄壁细胞，无"花环结构"，内层是厚壁细胞，禾本科植物叶脉的上、下方常常分布有大量的厚壁组织，以增强叶脉的支持作用，如小麦、大麦等。

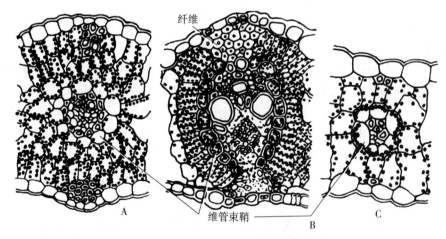

图 3-65　几种禾本科作物叶片横切面的一部分

A. 小麦叶片（C_3 植物）（示大小两层细胞组成的维管束鞘）

B. 苞茅属一种（C_4 植物）（示维管束鞘与其外围的一层叶肉细胞形成"花环结构"）

C. 玉米（C_4 植物）（示由一层细胞组成的维管束鞘，其细胞中含较多的叶绿体）

（王建书，2008. 植物学）

由此可见，禾本科植物的叶与双子叶植物的叶在内部结构上有所不同，见表 3-11。

表 3-11　双子叶植物与单子叶植物叶片结构的区别

序号	要点	双子叶植物	单子叶植物
1	表皮细胞	角质化	角质化、硅质化、木栓化
2	泡状细胞	无	有，呈扇形排列，与叶片卷曲有关

（续）

序号	要点	双子叶植物	单子叶植物
3	气孔	保卫细胞呈肾形，无副卫细胞，气孔多分布在下表皮	保卫细胞呈哑铃形，有副卫细胞，气孔在上、下表皮的分布近乎相等
4	叶肉	有栅栏组织和海绵组织的分化，为异面叶	无栅栏组织和海绵组织的分化，为等面叶
5	叶脉	有形成层，无维管束鞘	无形成层，有维管束鞘

（三）叶的寿命及落叶

植物的叶是有一定的寿命的，到了一定时期，叶便枯死脱落。不同植物叶的寿命各不相同。一般植物的叶的寿命为一个生长季（如豆类等），也有的植物能生活多年，如松树的叶能活 3~5 年。

落叶是正常的生命现象，是植物对不良环境（如低温、干旱）的一种适应，对植物提高抗性具有积极意义。草本植物的叶在植株死亡后依然残留在植株上。而多年生木本植物，有落叶树和常绿树两种，如苹果、榆、杨等多年生草本植物，它们的叶只有一个生长季，即春、夏季长出新叶，秋季就会全部脱落，这类树木称为落叶树；另一种是四季常绿，其叶片也脱落，但不是同时进行，老叶脱落，不断有新叶产生，就全树来看，终年常绿，称为常绿树，如松、柏等。

叶片脱落发生在特定的组织部位，即离区，是分布在叶柄基部一段区域中经横向分裂而形成的几层细胞（图 3-66）。离区包括离层和它下面的保护层。叶柄基部离区细胞体积小，排列紧密，细胞壁薄，有浓稠的原生质和较多的淀粉粒，细胞核大而突出。离区细胞进一步分化产生离层。离层细胞特点是：内质网、高尔基体和小泡增多，小泡聚集在质膜，释放酶到细胞壁和中胶层，引起细胞壁和中胶层分解、膨大，使离层细胞彼此分离。叶柄就是从离层处与母体断裂脱落的，脱落过程中维管束会折断。脱落后的伤口表面几层细胞木栓化，成为保护层。由于叶的脱落，在茎上便留有叶痕和叶迹。

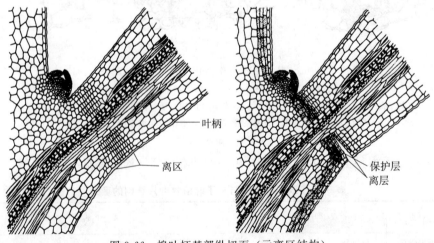

图 3-66　棉叶柄基部纵切面（示离区结构）

（北京市农业学校，2010. 植物及植物生理学）

多数植物在脱落前已形成离层，只是处于潜伏状态，一旦离层活化，即引起脱落。但也有少数植物（如禾本科）的叶片不产生离层，因而不会脱落。

四、组织实施

1. 观察双子叶植物叶柄的结构 将准备好的桃叶叶柄（或其他植物叶柄切片）置于显微镜下观察，可以看到表皮、皮层和中柱三部分，仔细辨别各部分并说出与幼茎有何不同。

2. 观察双子叶植物叶片的结构 将棉花叶夹在两块马铃薯片之间，徒手切片；或直接取棉花叶片、蚕豆叶片横切永久切片，置于显微镜下观察，仔细辨认表皮、叶肉、叶脉三部分。

（1）表皮。在棉花叶片横切面上，上下各有一层长方形细胞，排列整齐而紧密，即为表皮。表皮细胞的外壁加厚，覆盖有角质层。表皮细胞之间可以看到一双染色较深的小细胞，即为保卫细胞。一对保卫细胞和它们之间的孔称为气孔器。在气孔器下方，可见有较大的细胞间隙，称为孔下室。

（2）叶肉。上下表皮之间的绿色部分为叶肉。叶肉明显地分化为栅栏组织和海绵组织。紧接上表皮有一层柱状细胞，垂直于表皮，排列整齐而紧密，即为栅栏组织。位于栅栏组织和下表皮之间的细胞形状不规则，排列疏松，有发达的胞间隙，即为海绵组织。观察时注意这两种组织细胞中的叶绿体数目是否相同。

（3）叶脉。叶肉中的维管束就是叶脉。在显微镜下找出蚕豆叶中央较粗大的主脉进行观察，可见主脉的近轴面（上面）是木质部，远轴面（下面）是韧皮部，在木质部和韧皮部之间还可看到扁平的形成层细胞。在木质部和上表皮，韧皮部和下表皮之间常有数层机械组织。主脉两侧为侧脉，侧脉越小，其结构越简单。

3. 观察禾本科植物叶片的结构 用小麦或水稻叶做徒手切片，或直接取小麦、水稻等叶片横切永久切片，置于显微镜下观察，仔细辨认表皮、叶肉、叶脉三部分。

（1）小麦叶片横切制片的观察。

①表皮。分上表皮和下表皮，表皮细胞近似长方形，排列紧密，外壁覆被角质层，表皮细胞之间较为均匀地分布有气孔器。在相邻两叶脉之间的上表皮上有几个呈扇形排列的大型薄壁细胞，即为泡状细胞。

②叶肉。细胞同型，无栅栏组织和海绵组织的分化，因此为等面叶。

③叶脉。维管束的结构与茎的相似。外围具双层维管束鞘，内层为小型厚壁细胞；外层为较大的薄壁细胞，叶绿体含量较少。此为 C_3 植物的结构特征。维管束与上下表皮间常有成束的厚壁细胞。

（2）水稻叶片横切制片观察。

①表皮。表皮细胞外壁上具大量栓质和硅质突起，在相邻两叶脉之间的上表皮上有泡状细胞。

②叶肉。无栅栏组织和海绵组织的分化，因此为等面叶。

③叶脉。主脉中通气组织发达，具 2 个大型气腔。

4. 观察结果报告

（1）绘制棉花叶通过主脉的横切面图，并注明各部分结构的名称。

（2）绘制水稻或小麦叶通过主脉的横切面图，并注明各部分结构的名称。

5. 点评与答疑 教师对各小组的任务完成情况进行点评，解答学生对本任务学习过程中提出的疑问。

6. 考核与评价 见表 3-12。

表 3-12 观察叶的结构

名称		观察叶的结构												
评价项目	考核评价内容	自评			互评			师评			总评			
		优秀	良好	加油	优秀	良好	加油	优秀	良好	加油	优秀	良好	加油	
训练态度（10分）	目标明确，能够认真对待、积极参与													
团队合作（10分）	组员分工协作，团结合作配合默契													
实训技能 双子叶植物及单子叶植物叶的结构特点（20分）	理论掌握到位，各类组织特征分析合理													
实训技能 显微镜下区分各组成部分的结构特点（20分）	正确使用显微镜观察切片，操作规范无误													
实训技能 学习效果（20分）	各种成熟组织位置正确，绘图科学规范													
安全文明意识（10分）	不拆卸配件，不私自调换镜头，不用手搭抹镜头													
卫生意识（10分）	实训完成及时打扫卫生，保持实训场所整洁													
综合评价														

五、课后探究

1. 叶面所施施肥和喷洒的农药是如何通过叶片进入植物体内的？

2. 解释落叶植物的叶片在秋季变黄现象的原因。

3. 水稻的叶片为何在炎热夏季的中午卷成筒状、傍晚又恢复为平展状态？

任务八　观察花的结构

学习目标

1. 能正确阐述被子植物有性生殖器官的发育过程。

2. 能熟练使用显微镜观察花药和子房的结构。

任务要求

采集几种雄花、雌花和两性花。

课前准备

1. 工具　显微镜、放大镜、镊子、刀片、剪刀、解剖针、载玻片、盖玻片、吸水纸、1‰番红溶液、培养皿。

2. 材料　幼期百合花药横切片、成熟期百合花药横切片、百合子房横切片（示胚珠结构）、荠菜子房纵切片。

一、任务提出

1. 常见蔬菜瓜果（如黄瓜、苹果等）的花发育为果实后，其花萼和花冠的去向有何不同？为什么？

2. 大豆、番茄、黄瓜内种子的着生位置有何差异？

3. 植物是如何进行开花、授粉和受精的？

二、任务分析

被子植物的生长分为营养生长和生殖生长两个阶段。当植物完成从种子萌发到根、茎、叶形成的营养生长过程之后，便转入生殖生长，即在植物体的一定部位分化出花芽，继而开始开花、授粉、受精，最终形成果实和种子。一朵花中最重要的结构是雄蕊和雌蕊，雄蕊发育成熟后，花药就会裂开，散落出花粉粒。雄蕊和雌蕊发育成熟或两者之一发育成熟，花被展开即开花。在鲜花盛开的季节，有许多蜜蜂、蝴蝶在花丛中飞舞，昆虫在采蜜时，全身沾满了花粉，当它们从一朵花飞到另一朵花时，花粉粒就传到了雌蕊的柱头上，雌蕊经过一些重要变化，子房就会发育成果实。

三、相关知识

（一）雄蕊的发育与构造

1. 雄蕊的组成　雄蕊是由花丝和花药组成的。花丝的构造比较简单，最外一层为表皮，内部是薄壁组织，中央有一个纤维束。纤维束由花托通过花丝进入花药。花丝除支持花药外，还运送花药所需要的水分和养料。花药一般为黄色，由药隔和花粉囊组成。大多数植物的花药有 4 个花粉囊。花粉囊是产生花粉的地方，药隔连接花粉囊，由薄壁组织构成。

2. 花药的发育与构造　花药在发育的初期是一团具有分裂能力的细胞，外面有一层表皮包被。随后，在这团组织的四角表皮内方出现一些壁薄、核大的分生细胞群，称孢原细胞。每一个孢原细胞又进行分裂，形成内外两层。外层称周缘细胞，将来经分裂分化形成花粉囊壁；内层为造孢细胞，经分裂（或直接长大）形成花粉母细胞。周缘细胞经分裂由外至内依次分化形成药室内壁、中层和绒毡层，三者与表皮共同组成花粉囊壁。在花粉囊壁发育的同时，花粉囊内的造孢细胞分裂形成多数花粉母细胞。每个花粉母细胞进行减数分裂，形成 4 个子细胞，称四分体。以后每个子细胞发育成为一个花粉粒。当花药将成熟时，药室内壁细胞径向延长，壁上出现不均匀的条纹状加厚，只有外切向壁是薄壁的，加厚壁的物质一般是纤维素，略微木质化，因此，药室内壁又称为纤维层。最后花药成熟，花粉囊壁由于纤维层的干缩，花药开裂散出花粉粒，绒毡层为花粉粒形成提供营养而被吸收，中层解体消失，此时花药壁只剩下表皮和纤维层。花药中部的细胞逐渐分裂分化形成维管束和薄壁组织，构成药隔。花药的发育与结构如图 3-67 所示。

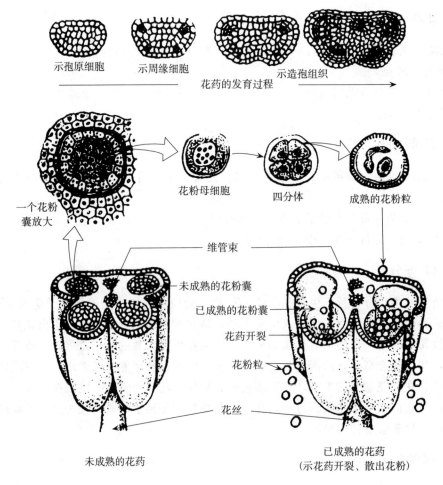

示孢原细胞　示周缘细胞　　　　示造孢组织

花药的发育过程

花粉母细胞　　　四分体　　　成熟的花粉粒

一个花粉囊放大

维管束

未成熟的花粉囊

已成熟的花粉囊

花药开裂

花粉粒

花丝

未成熟的花药

已成熟的花药
（示花药开裂、散出花粉）

图 3-67　花药的发育与结构

（李扬汉，1984. 植物学）

3. 花粉粒的发育　通过减数分裂产生的花粉粒，开始只有一个核在细胞的中央，此时称单核花粉粒。单核花粉粒继续生长发育，花粉粒中的细胞核经有丝分裂分为两个核，大的为营养细胞，小的为生殖细胞。此时的花粉粒称为二核期花粉粒。最后生殖细胞再分裂一次，成为两个精细胞，称三核期花粉粒。大多数植物的花药干燥开裂准备传粉时，花粉粒已发育到二核期，也有少数在传粉前已经发育为三核花粉粒。

花药结构如下：

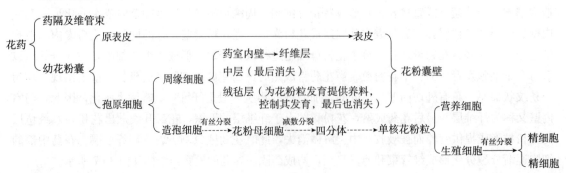

花粉粒的发育过程如图 3-68 所示。

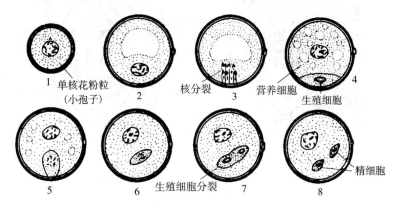

图 3-68　花粉结构及花粉粒的发育

1. 幼期单核花粉粒　2. 后期单核花粉粒（单核靠边期）　3. 单核花粉粒核分裂

4. 二细胞时期，示营养细胞和生殖细胞　5. 生殖细胞开始于花粉内壁分离

6. 生殖细胞游离存在于营养细胞的细胞质中　7、8. 生殖细胞分裂，形成两个精细胞

（李扬汉，1984. 植物学）

（二）雌蕊的发育与构造

1. 雌蕊的构造　雌蕊是由心皮原基发育而来的，成熟的雌蕊由柱头、花柱和子房 3 个部分组成。但最重要的部分是子房。子房是雌蕊基部膨大的部分，是被子植物产生种子的地方。子房又由子房壁、子房室、胎座和胚珠 4 个部分构成。子房壁有外表皮和内表皮，两层表皮之间有维管束和薄壁组织。子房壁上着生胚珠的部位称为胎座。胚珠是子房中最重要的结构，因胚珠中产生胚囊，成熟的胚囊中产生卵细胞。

2. 胚珠的发育与构造　随着雌蕊的发育，在子房内壁的胎座上首先产生一团突起，称为胚珠原基，原基的前端发育为珠心，基部发育为珠柄。由于珠心基部的细胞分裂较快，产生一圈突起并逐渐向上延展将珠心包围，仅在珠心前端留下一小孔称为珠孔。包围珠心的组织称为珠被。有的植物只有一层珠被，如胡桃、番茄、向日葵等，而有的植物则有两层珠被，如水稻、小麦、油菜、棉花、百合等，内层称内珠被，外层称外珠被。在珠心基部，珠被、珠心和珠柄连合的部位称合点。胎座内的维管束经珠柄到合点，分支进入胚珠内部，将水分和养分源源不断地输入。发育成熟的胚珠包含珠柄、珠心、珠被、珠孔、合点 5 个部分（图 3-69）。

3. 胚囊的发育与构造　在珠被发育的同时，珠心薄壁组织近珠孔的一端有一个细胞体积增大，发育为胚囊母细胞。胚囊母细胞有浓厚的细胞质和大细胞核，经过减数分裂产生 4 个单倍染色体的核（即四分体），纵向排成一列，每核各包围着一团细胞质，成为 4 个无壁的细胞。后来，近珠孔的 3 个逐渐消失，只有近合点端的 1 个继续生长，发育为胚囊。胚囊是一个只有 1 个核的单倍体细胞，这个时期的胚囊称为单核期胚囊。

单核期胚囊继续发育，核进行 3 次有丝分裂产生 8 个细胞核（核外都有细胞质，但无细胞壁）。位于胚囊中央的 2 个细胞称为极核细胞（极核）。近珠孔的一端有 3 个细胞，位于中间的大细胞是卵细胞（卵核），两旁两个较小的是助细胞。位于合点端的 3 个细胞，称反足细胞。胚囊发育成具有 8 个细胞核的胚囊即为成熟，称为八核胚囊，胚囊便以此状态准备受精（图 3-70）。受精后，卵细胞发育为胚，胚珠发育为种子。

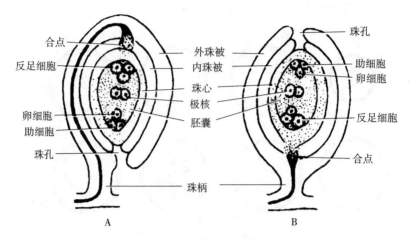

图 3-69　胚珠的结构
A. 倒生胚珠　B. 直生胚珠
（李扬汉，1984. 植物学）

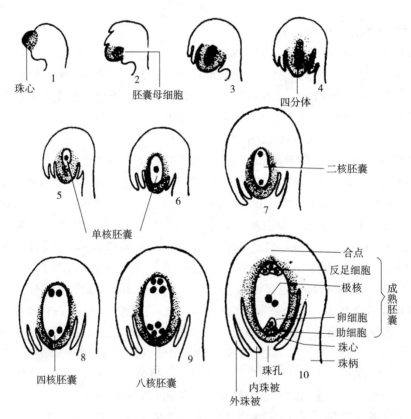

图 3-70　胚珠和胚囊发育模式
1. 珠心　2. 胚囊母细胞　3. 二分体　4. 四分体　5、6. 单核胚囊　7. 二核胚囊
8. 四核胚囊　9. 八核胚囊　10. 成熟胚囊（7 细胞 8 核）
（顾德兴，2000. 植物与植物生理学）

　　胚囊发育的过程可表示如下：

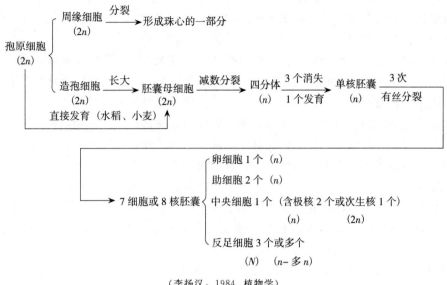

（李扬汉，1984. 植物学）

（三）开花、传粉和受精

1. 开花 当花中花粉粒和胚囊（或二者之一）成熟时，花被展开，露出雄蕊和雌蕊，这种现象称为开花。禾本科植物开花则是指内外稃张开的时候。各种植物的开花年龄、开花季节和花期的长短都各不相同。一二年生植物生长几个月后就开花，一生只开一次花，开花结实后整株植物枯死；多年生植物在达到开花年龄后，每年到时都能开花；也有少数植物一生只开一次花，如竹、剑麻等。就开花季节来说，多数植物在早春至春夏之间开花，少数在其他季节开花；有些花卉植物几乎一年四季都开花。在冬季和早春开花的植物，常有先花后叶的，如梅、木棉等；也有花叶同放的，如梨、李、桃等，但大多数植物是先叶后花。

一株植物从第一朵花到最后一朵花开毕经历的时间称为花期。各种植物的花期长短取决于植物的特性，也与其所处的环境密切相关。如早稻的花期为 $5\sim7d$，晚稻为 $9\sim10d$，小麦为 $3\sim6d$，柑橘、梨、苹果为 $6\sim12d$，油菜为 $20\sim40d$，棉花、花生和番茄等的花期可持续一至几个月。一朵花开放的时间长短也因植物的种类而异，如小麦只有 $5\sim30\text{min}$，水稻为 $1\sim2h$，棉花约 $3d$，番茄为 $4d$。

大多数植物开花都有昼夜周期性。在正常条件下，水稻在上午 7—8 时开花，11 时左右最盛，午时减少；玉米在上午 7—11 时开花；小麦在上午 9—11 时和下午 3—5 时开花；油菜在上午 9—11 时开花。

2. 传粉 植物开花后，成熟的花粉粒传到雌蕊柱头上的过程称传粉。在自然界中有自花传粉和异花传粉两种方式。

（1）自花传粉。是指成熟的花粉粒传到同一朵花的柱头上的过程。自花传粉中比较典型的是闭花受精，即花尚未开放，花蕾中的成熟花粉粒就直接在花粉囊中萌发形成花粉管，把精细胞送入胚囊受精，如豌豆、花生等。在实际应用中，农作物的同株异花间的传粉和果树栽培上同品种异株间的传粉，也称为自花传粉。

（2）异花传粉。植物学上把不同朵花之间的传粉称异花传粉。果树栽培上指不同品种间的传粉，作物栽培上指的是不同植株间的传粉。异花传粉植物有玉米、油菜、向日葵、苹果、桃、南瓜等。异花传粉必须借助外力传送花粉，最重要的是昆虫和风。靠昆虫传送花粉的花称虫媒花，如向日葵、油菜、柑橘、瓜类、泡桐、茶等；靠风力传送花粉的花称风媒花，如玉米、板栗、核桃等。

风媒花一般花小，无鲜艳的花被甚至没有花被，也无特殊的气味或蜜腺，花粉粒轻，数量多，容易被风吹送。雌蕊柱头通常呈羽毛状，便于接受花粉。有些植物具长而下垂的柔荑花序，随风飘扬，散出花粉，或先开花后长叶，这样更能发挥风的传粉作用。

虫媒花的花被鲜艳，有香味和蜜腺；花粉粒较大，外壁粗糙带黏性，易被昆虫沾附。这些色彩、气味和蜜汁均能招引昆虫访花觅食，从而起到了传粉的作用。

植物的传粉方式，除风媒、虫媒外，还有少数是靠鸟、兽和水传播的。

在自然界中，异花传粉比较普遍，而且在生物学意义上比自花传粉优越。因为异花传粉的精、卵细胞分别来自不同的花朵或不同的植株，遗传差异较大，相互融合后，其后代具有较强的生活力和适应性。而自花传粉父母本遗传差异较小，其后代的生活力和适应性都较差，长期的自花传粉会引起种质的逐渐衰退。

3. 受精作用　雌雄配子，即卵细胞和精细胞相互融合的过程，称为受精。由于被子植物的卵细胞位于胚珠的胚囊中，精细胞必须依靠由花粉粒在柱头上萌发形成的花粉管传送，经过花柱进入胚囊，受精作用才能进行。

（1）花粉粒的萌发和花粉管的伸长。传粉后，落在柱头上的花粉粒经识别，若亲和则吸收柱头上的水分和分泌物，内壁开始从萌发孔突出，继续伸长，形成花粉管，这个过程称花粉粒的萌发。

花粉粒萌发后，花粉管进入柱头，穿过花柱而达到子房。当花粉管生长时，花粉粒中的营养核和两个精细胞（或一个生殖细胞），随同细胞质都进入花粉管内（生殖细胞在花粉管内也分裂成为两个精细胞），成为具有 3 个细胞的花粉管。花粉管达到子房后，即向一个胚珠伸进，进入胚囊。

（2）双受精过程及其意义。当花粉管进入胚囊后，花粉管顶端破裂，两个精细胞和其他内含物喷射入胚囊。其中一个精细胞和卵细胞融合成为合子（受精卵），合子将来发育成胚；另一个精细胞和两个极核融合，形成初生胚乳核，将来发育成胚乳。花粉管中的两个精细胞分别和卵细胞及极核融合的过程，称为双受精作用。

双受精现象在被子植物中普遍存在，也是被子植物所特有，它是植物界中最进化的生殖方式。双受精具有重要的生物学意义：①单倍体的精细胞和卵细胞融合形成二倍体的合子恢复了植物体原有的染色体数目，保持了物种遗传性的相对稳定。②经过减数分裂后形成的精、卵细胞在遗传上常有差异，受精后形成具有双重遗传性的合子，由此发育的个体有可能形成新的变异。③精细胞与极核融合发育形成三倍体的胚乳，同样结合了父、母本的遗传特性，生理上更为活跃，作为营养被胚吸收利用，后代的变异性更大，生活力更强，适应性更广。所以，双受精作用不仅是植物界有性生殖的最进化、最高级的受精方式，是被子植物在植物界占优势的重要原因，也是植物遗传和育种学的重要理论依据。

四、组织实施

1. 观察百合花药横切片

（1）取幼期百合花药横切片，置于低倍镜下观察，可见花药呈蝶状，其中有 4 个花粉囊，分左右对称的两部分，其中间有药隔相连接，在药隔处可看到自花丝通入的维管束。换高倍镜仔细观察一个花粉囊的结构，由外至内有下列各层：表皮为最外层，只由一层薄壁细胞；表皮下为纤维层；再往里由 2～3 层较扁平细胞组成的中层；最里面为绒毡层。绒毡层内有许多造孢细胞，核大、质浓，有的造孢细胞已开始分化为花粉母细胞。

（2）取百合成熟花药制片，在低倍镜下观察可看到每侧花粉囊间药隔膜已消失，形成大室，因此花药在成熟后仅具左右二室，注意观察在花药两侧的中央，由表皮细胞形成几个大型的唇形细胞，花药由此处开裂。接着用高倍镜观察花粉粒的结构。

2. 观察百合子房横切片

（1）取百合子房横切片，在低倍镜下观察，可见到 3 个心皮，每一心皮的边缘向中央合拢形成 3 个子房室和中轴胎座，在每个室中有 2 个倒生胚珠。

（2）移动玻片，选择一个完整而清晰的胚珠进行观察，可看到胚珠具有内外两层珠被、珠孔、株柄及珠心等部分，珠心内为胚囊，胚囊内可见到 1～2 个或 4 个或 8 个核（成熟的胚囊有 8 个核，由于 8 个核不是分布一个平面上，所以在切片中不易全部看到）。

3. 观察结果报告

（1）绘制花药横切面图，并标示出各部分结构名称。

（2）绘制子房横切面图，并标示出各部分结构名称。

4. 点评与答疑 教师对各小组的任务完成情况进行点评，解答学生对本任务学习过程中提出的疑问。

5. 考核与评价 见表 3-13。

表 3-13 观察花药和子房的结构

名称		观察花药和子房的结构										
评价项目		考核评价内容	自评			互评			师评			总评		
			优秀	良好	加油	优秀	良好	加油	优秀	良好	加油	优秀	良好	加油
训练态度（10分）		目标明确，能够认真对待、积极参与												
团队合作（10分）		组员分工协作，团结合作配合默契												
实训技能	花药和子房的发育及结构特点（20分）	理论掌握到位，各类组织特征分析合理												
	显微镜下区分花药和子房组成部分的结构特点（20分）	正确使用显微镜观察切片，操作规范无误												
	学习效果（20分）	各种成熟组织位置正确，绘图科学规范												

（续）

名称		观察花药和子房的结构											
评价项目	考核评价内容	自评			互评			师评			总评		
		优秀	良好	加油	优秀	良好	加油	优秀	良好	加油	优秀	良好	加油
安全文明意识（10分）	不拆卸配件，不私自调换镜头，不用手揩抹镜头，爱护切片												
卫生意识（10分）	实训完成及时打扫卫生，保持实训场所整洁												
综合评价													

五、课后探究

1. 为什么异花传粉具有优越性？植物对异花传粉都具有哪些适应特征？
2. 农业生产上是怎么利用传粉规律的？

任务九　观察种子和果实的结构

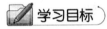 学习目标

1. 了解胚和胚乳的发育与结构。
2. 掌握果实的特征及主要类型。

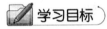 任务要求

收集不同植物的果实，每个类型至少一种。

 课前准备

根据班级人数，按每2~3人为一组，分为若干小组，每组准备以下材料和工具：

浸泡好的菜豆种子和玉米种子；桃（或李、杏、枇杷、山楂）、花生、草莓、八角（或木兰科）的果实，桑葚（或无花果）、槭树类的果实，苹果（或梨）、柑橘等的果实，番茄、黄瓜、板栗、向日葵、棉花、油菜、荠菜的果实。如果没有新鲜的标本，也可选用制作好的样本或图片。

一、任务提出

1. 你见过哪些植物的种子和果实？列举5种以上，根据观察识别种子和果实的各个部分。
2. 单、双子叶植物的种子有何不同？其果实的特征是什么？不同类型果实的结构如何

识别？

二、任务分析

经过开花、传粉和受精之后，在种子发育的同时，花的各个部分都发生显著的变化。花萼枯萎或宿存；花瓣和雄蕊凋谢；雌蕊的柱头、花柱枯萎，而子房膨大发育成果实；花柄成为果柄。完成该学习任务，要能准确识别种子和果实的来源及类型，并能够分辨出聚合果和聚花果。

三、相关知识

雌蕊经过受精后由花发育成果实和种子的过程如下：

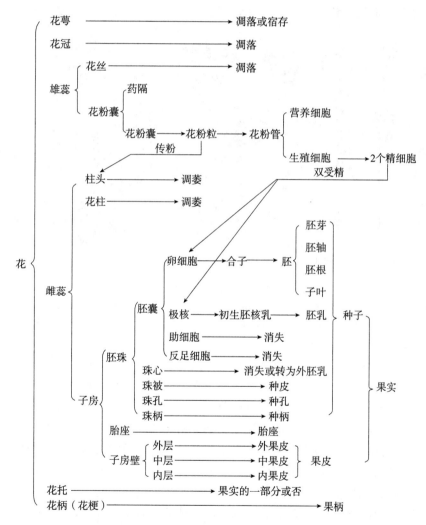

（一）种子的形成、结构与类型

1. 种子的形成

（1）双子叶植物胚的发育。双子叶植物胚的发育一般具有以下几个阶段：原胚时期、心形胚时期、鱼雷形胚时期、成熟胚时期（图 3-71）。

①原胚时期。从受精卵（合子）开始，首先受精卵有丝分裂为两个细胞，近珠孔端的一个细胞较大称基细胞，远珠孔端的一个较小，称顶细胞。顶细胞继续分裂形成球形，即球形胚体；基细胞分裂形成柄，即胚柄。胚囊周围有许多游离核，游离核在胚周围较多。

②心形胚时期。球形胚进一步发育，细胞开始分化，在球形胚顶端部分的两侧细胞分裂快于中央部分而形成两个突起使胚成心形，称心形胚。此时游离核已逐渐形成胚乳细胞。

③鱼雷形胚时期。整个胚体进一步伸长，两个突起以后发育为子叶，两子叶中凹陷的部分发育成胚芽，同时球形胚的基部和胚柄的与胚相接的一个细胞逐渐发育成胚根，胚根与子叶之间为胚轴，此时胚体呈鱼雷形，胚柄逐渐退化，胚囊中胚乳已减少，将来发育成无胚乳种子。

④成熟胚时期。子叶进一步长大并弯曲呈马蹄形占满整个胚囊，形成马蹄形的成熟胚。此时，胚柄已基本消失，胚乳和珠心组织也几乎全被胚吸收，珠被发育成种皮。

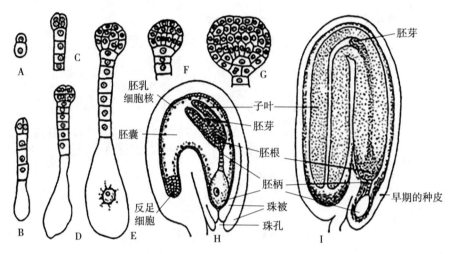

图 3-71　荠菜胚的发育

A. 合子分裂，形成一个顶细胞和一个基细胞　B～E. 基细胞发育为胚柄，顶细胞分裂成球形胚

F、G. 胚继续发育　H. 胚在胚珠中发育，心形胚体形成　I. 胚和种子初步形成，胚乳消失

（李扬汉，1984. 植物学）

（2）单子叶植物胚的发育。单子叶植物胚发育的早期与双子叶植物胚的发育相似，在分化为成熟胚时出现较大差异。以小麦为例：小麦合子的第一次分裂常是倾斜的横分裂，形成一个顶细胞和一个基细胞，接着它们各自再分裂一次，形成 4 个细胞的原胚。4 个细胞又不断从不同方向进行分裂，增大胚的体积，形成基部稍长的梨形胚。此后，在胚中上部一侧出现一个凹沟，凹沟以上部分将来形成盾片的主要部分和胚芽鞘的大部分；凹沟处，即胚中间部分，将来形成胚芽鞘的其余部分和胚芽、胚轴、外胚叶；凹沟的基部形成盾片的下部。小麦胚的发育如图 3-72 所示。

（3）胚乳的发育。被子植物的胚乳是种子贮藏营养的组织，因此，胚乳的发育总是早于胚的发育，为幼胚的发育创造条件。胚乳是由初生胚乳核发育而来的，由于初生胚乳核是由一个精细胞和两个极核融合形成，因此其所含染色体一般为三倍体（$3n$）。胚乳的发育形式一般分为 3 种类型：核型、细胞型和沼生目型。

核型方式是最为普遍的发育形式。极核受精后发育形成的初生胚乳核，从第一次分裂以及之后一段时间的多次核分裂，都不伴随着细胞壁的形成，各细胞核都以游离状态分布在同一细胞质中，胚乳核分裂至一定阶段后，游离核之间才形成细胞壁，发育为胚乳细胞。

细胞型胚乳的形成特点是在初生胚乳核分裂后，随即产生细胞壁，形成胚乳细胞。所以在整个发生过程中，无游离核时期。大多数双子叶合瓣花植物，如番茄，其胚乳的发育形式属于这种类型。

沼生目型胚乳是介于核型和细胞型之间的中间类型。其初生胚乳核在进行第一次分裂时将胚囊分隔为两室，分别为珠孔室和合点室。珠孔室较大，其内的细胞核进过多次分裂形成游离核，最后形成细胞；合点室内的核不分裂或始终为游离核。这种类型的胚乳，一般限于沼生目植物，如慈姑等。

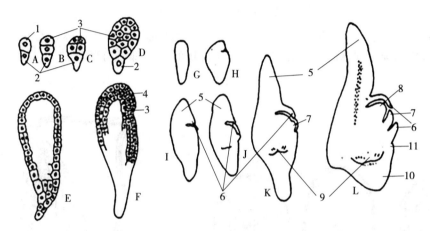

图 3-72　小麦胚的发育

A~F. 小麦胚初期发育的纵切片，示发育各期　G~L. 小麦胚发育过程图解

1. 胚细胞　2. 胚柄细胞　3. 胚　4. 子叶发育早期　5. 子叶（盾片）　6. 胚芽鞘

7. 第一营养叶　8. 胚芽生长锥　9. 胚根　10. 胚根鞘　11. 外子叶

（李扬汉，1984. 植物学）

2. 种子的结构　种子由胚（胚芽、胚轴、胚根、子叶）、胚乳（或无）、种皮三部分组成（图 3-73、图 3-74）。

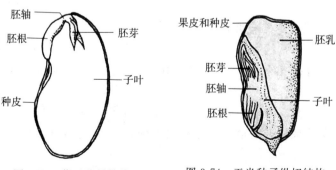

图 3-73　菜豆种子结构

（李扬汉，1984. 植物学）

图 3-74　玉米种子纵切结构

（李扬汉，1984. 植物学）

3. 种子的类型　根据种子成熟时胚乳的有无，把种子分为无胚乳种子和有胚乳种子。

（1）无胚乳种子。双子叶植物中的豆类、瓜类、白菜、萝卜、桃、梨、苹果等；单子叶植物中的慈姑、眼子菜、泽泻等的种子由胚和种皮两部分组成，没有胚乳（图 3-75）。

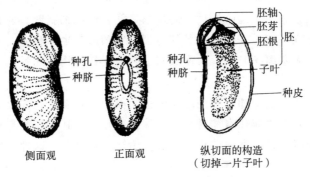

图 3-75 菜豆种子的结构

（2）有胚乳种子。这类种子是由种皮、胚和胚乳三部分组成，蓖麻、荞麦、茄、番茄、辣椒、葡萄等的种子都属此类。大多数单子叶植物的种子都是有胚乳种子（图 3-76、图 3-77）。

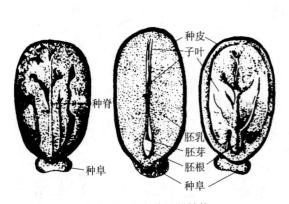

图 3-76 蓖麻种子的结构

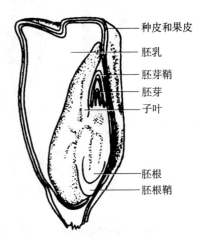

图 3-77 玉米籽粒纵切面
（李扬汉，1984. 植物学）

（二）果实的形成、结构与类型

1. 果实的形成 通常情况下，植物结实一定要经过受精作用，受精是促成结实的重要条件之一。植物有时花多果少，多半是由于很多花没有受精。但是有的不经受精，子房也能发育为果实，这样形成的果实不含种子，因此，称无子结实或单性结实。例如，葡萄、橘、香蕉、凤梨、南瓜、黄瓜等都有无子结实的现象。无子结实也可以人工诱导，用同类植物或亲缘关系相近的植物的花粉浸出液或 2，4-滴等喷到柱头上，可以引起无子结实。

有些植物的结实，还需要其他特殊的环境条件，例如，花生必须在土壤中结实，这称为地下结实。花生受精后，子房柄很快地向地下生长，将比较坚硬的子房伸入土中。当进入土中 10cm 左右深度时，子房柄停止生长，这时子房逐渐膨大，形成果实，没有伸进土中的子房虽然也稍有膨大，但不能正常结实。所以，花生结实不仅需要受精，而且必须有土壤环境因素（主要是黑暗）的影响才行。

2. 果实的类型 多数植物的果实，是只由子房发育而来的，称为真果。也有些植物的果实，除子房外尚有花的其他部分参与，最普遍的是子房、花被和花托一起形成的果实，这样的果实称为假果，如梨、苹果、石榴、向日葵以及瓜类作物的果实。

多数植物一朵花中仅一雌蕊，形成一个果实，称为单果。也有些植物，一朵花中具有许多聚生在花托上的离生雌蕊，以后每一雌蕊形成一个小果，许多小果聚生在花托上，称为聚合果，如莲、草莓、悬钩子、玉兰等植物的果实。还有些植物的果实是由一个花序发育而成的，称为复果（花序果、聚花果），如桑、凤梨、无花果等。

（1）单果的结构与类型。单果的结构比较简单，外为果皮，内为种子。果皮可分为3层：外果皮、中果皮和内果皮。果皮的结构、色泽以及各层发达程度，因植物的种类而不同。根据果皮是否肉质化，单果又分为两大类型：肉果和干果。

①肉果及其类型。果实成熟后，通常肉质多汁，分为以下几类（图3-78）。

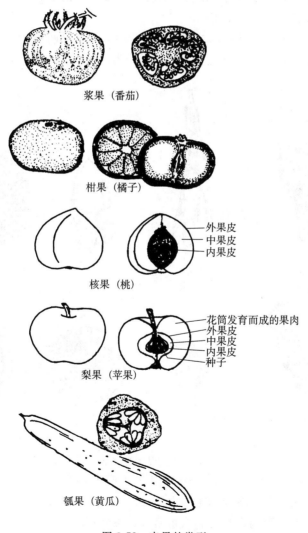

浆果（番茄）

柑果（橘子）

外果皮
中果皮
内果皮

核果（桃）

花筒发育而成的果肉
外果皮
中果皮
内果皮
种子

梨果（苹果）

瓠果（黄瓜）

图3-78　肉果的类型

（朱念德，2006. 植物学）

　　a. 浆果。果皮除外面几层细胞外，其余部分都肉质化并充满汁液，内含多数种子，如茄、番茄、葡萄、柿等。

　　b. 柑果。外果皮革质，有挥发油腔。中果皮疏松，具有分支的维管束（橘络）。内果皮薄膜状，每个心皮的内果皮形成一个囊瓣。其食用部分是囊瓣内伸出的许多肉质多浆的表皮毛，如柚、橙、柑橘等。

　　c. 核果。外果皮薄，中果皮肉质，内果皮坚硬木质化为果核，核内有一粒种子，如桃、梅、杏、李、樱桃等。

　　d. 梨果。为下位子房形成的假果。果的外层是花托发育成，果肉大部分由花筒发育而成，子房发育的部分很少，位于果实的中央。由花筒发育的部分和外果皮、中果皮均为肉质，内果皮纸质或革质，如梨、苹果、枇杷、山楂等。

　　e. 瓠果。瓠果类似浆果，但它是由下位子房和花托一并发育而成的假果。花托和外果皮结合成坚硬的果壁，中果皮和内果皮肉质，胎座很发达。南瓜、冬瓜供食用的部分主要是果皮，西瓜供食用的部分主要是胎座。

　　②干果及其类型。果实成熟后，果皮干燥，分闭果和裂果两类。

　　a. 裂果。因心皮数目、卷合及开裂方式不同分为以下几类（图3-79）。

蓇葖果　　　　　长角果　　　　　蒴果　　　　　蒴果
（飞燕草）　　　（油菜）　　　　（车前）　　　（曼陀罗）

荚果　　　　　　短角果　　　　　蒴果　　　　　蒴果
（豌豆）　　　　（荠菜）　　　　（棉花）　　　（罂粟）

图 3-79　裂果的类型

（陈忠辉，2001. 植物与植物生理）

　　蓇葖果：蓇葖果是由单心皮或离生心皮发育而成的果实，子房1室，成熟时仅沿腹缝线或背缝线开裂，如梧桐、芍药、牡丹、八角茴香、飞燕草等。

　　荚果：由单心皮发育成，子房1室，成熟时沿腹缝线和背缝线两面开裂，如大豆、豌豆等；也有不开裂的，如花生、合欢、含羞草等。

蒴果：由 2 个以上心皮的合生雌蕊形成的果实，有 1 室或多室，成熟时有多种开裂方式，如棉、油茶、百合、马齿苋、罂粟等。

角果：由 2 个心皮的合生雌蕊发育而成，子房 1 室，后来由心皮边缘合生处生出隔膜，将子房隔为 2 室，这一隔膜称假隔膜。果实成熟后沿两个腹缝线自下而上开裂，呈两片脱落，只留隔膜，这是十字花科植物的特征。角果细长的称长角果，如油菜、白菜等；角果短，呈圆形或三角形的称短角果，如荠菜、独行菜等。

b. 闭果。干果成熟后果皮不开裂，分为以下几种类型（图 3-80）。

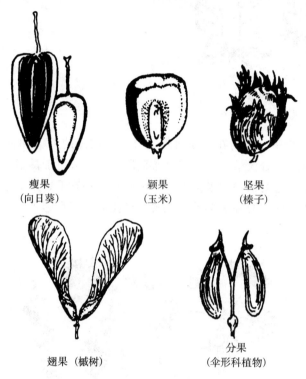

瘦果
（向日葵）   颖果
（玉米）   坚果
（榛子）

翅果（槭树）   分果
（伞形科植物）

图 3-80　闭果的类型
（郑湘如，2006. 植物学）

瘦果：由 1 室子房形成，含 1 粒种子，果皮与种皮分离，如向日葵、荞麦、蒲公英等。

颖果：含 1 粒种子，果皮与种皮紧密愈合不易分离，为小麦、水稻、玉米等禾本科植物果实所特有的类型。

翅果：果皮伸展成翅，如榆、槭、臭椿等。

坚果：果皮坚硬，内含 1 粒种子，如栗、榛子等。

分果：果实由 2 个或 2 个以上心皮组成，每室含 1 粒种子，成熟时各心皮沿中轴分开，如胡萝卜、芹菜等伞形科植物的果实。

（2）聚合果。聚合果是由一朵具有离心皮雌蕊的花发育而成，形成许多小果聚生在花托上的果实（图 3-81）。根据小果本身的性质不同可分为聚合瘦果（如草莓）、聚合核果（如悬钩子）、聚合蓇葖果（如八角）、聚合坚果（如莲）等。

（3）聚花果（复果）。聚花果的果实是由整个花序发育而成的。如桑葚是由一个柔荑花序发育而成的，其上多数为单性花，每朵花的 4 个萼片变为肉质多浆的结构，包裹着由子房发育而来的小坚果，形成聚花果（图3-82）。

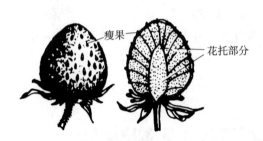

图 3-81　聚合果（草莓）

（强胜，2008. 植物学）

图 3-82　聚花果（凤梨）

（强胜，2008. 植物学）

3. 果实和种子的传播　植物在长期自然选择中，成熟的果实和种子往往具有适应各种传播方式的特性，以扩大后代植株生长和分布范围，使种群更加昌盛。

（1）借风力传播。这类植物的果实或种子小而轻，并有毛、翅等附属物，如蒲公英、莴苣的果实有冠毛，柳、棉花的种子具毛，槭树、榆树的果实具翅等，有利于借助风传播（图3-83）。

图 3-83　借风力传播的果实和种子

A. 蒲公英的果实　B. 棉花的种子　C. 马利筋的种子　D. 铁线莲的果实

E. 酸浆的果实（外边包有薄片）　F. 槭树的果实

（2）借水力传播。有些水生或沼生植物的果实与种子具漂浮结构，适宜水面漂浮传播，如莲的种子等（图3-84）。

（3）借人与动物的活动传播。有些植物的果实或种子具钩刺（如苍耳）或具宿存黏萼（如马鞭草），可沾附于人和动物身上而被传播；有的果皮或种皮坚硬，动物吞食后不消化而排泄至他处进行传播（如人参）；有些杂草的果实和种子常与栽培植物同时成熟，借人类收获和播种活动进行传播（图 3-85）。

（4）借果实自身机械力传播。有些植物的果皮各层结构不同，凭借果实自身爆裂时所产生的弹力而散布种子，如大豆、绿豆的炸荚和凤仙花的果皮内卷等（图 3-86）。

图 3-84　借水力传播的莲

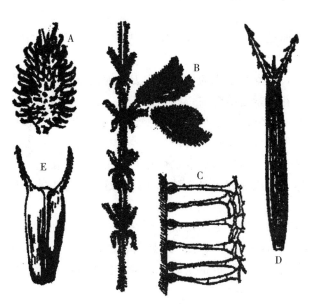

图 3-85　借人和动物传播的果实
A. 苍耳的果实　B. 鼠尾草属的一种，萼片上有黏液腺
C. 为 B 图黏液腺的放大　D、E. 两种鬼针草的果实

图 3-86　借弹力传播的果实和种子
A. 苦瓜　B. 喷瓜　C. 杜鹃　D. 凤仙花

四、组织实施

1. 观察种子的结构

（1）豆类种子的形态结构。可选用蚕豆、大豆等种子作材料，于实验前 2～3d 将种子浸泡于清水中，让其充分吸胀与软化，以利于解剖观察。取一粒已吸水膨胀的豆类种子

观察：

①种子形状。

②种皮。包括种皮质地、颜色及种脐、种孔等。

③胚。胚根、胚芽、胚轴、子叶。

（2）禾谷类籽粒的形态结构。可选用小麦、水稻、玉米等籽粒作材料，于实验前 2～3d 置清水中浸泡。透过果皮与种皮可清楚地看到胚位于下部，用刀片沿种胚中央纵切成两半，用放大镜观察其纵切面：

①果皮和种皮。两者愈合不易分开。

②胚。胚根，外有胚根鞘；胚芽，外有胚芽鞘；子叶（位于胚芽和胚乳之间的盾片）；胚轴（胚芽与胚根之间和盾片相连的部分）。另外，在子叶与胚乳相连接处还有一层较大、呈柱状排列整齐的上皮细胞。

③胚乳。占籽粒的大部分体积。

然后，在籽粒切面上加一滴稀释的碘液，可见胚乳变成蓝黑色，胚呈橘黄色。

2. 观察果实的结构

（1）观察真果的结构。取桃花与桃果（或取豆类的花与荚果）先观察桃花的各部分，然后与纵剖为二的桃嫩果对照观察。分析花各部分在形成果实时发生了哪些变化。

一般花凋谢是花萼、花冠和雄蕊同时枯萎，雄蕊的柱头与花柱也萎谢，仅子房迅速膨大形成果实，因此称为真果。

取桃的成熟果实观察，可清楚地看到外面是一层膜质的外果皮，中间为肉质多汁的中果皮，内果皮为坚硬的核，这是典型的真果。

（2）观察假果的结构。取苹果花与果实，观察其子房的位置。用刀片通过花的正中作纵剖面，可看到子房完全陷入花托之中，并与花托紧密结合在一起，而花萼、花冠和雄蕊均为上位（上位花）。然后将幼小的苹果纵剖为二，与花的结构进行对照分析。在果实形成时，保留了下位子房与花托，有时花萼宿存，其他部分枯萎和凋落。

再用刀片通过花托与下位子房形成的果实做一横切面观察。可见它是由 5 个心皮连合构成的，中轴胎座，并与花托紧密结合为一体，食用部分主要来源于花托，这种由花中的子房和其他部分参与形成的果实是假果。

（3）观察聚合果的结构。取草莓花和草莓果，均作纵剖观察。可见到一朵草莓花中有许多分离的雄蕊（心皮），然后每个雄蕊的子房长成一个小瘦果，这是真正的果实。人们食用的肉质部分则为花托膨大而成。所以，从本质上看，草莓也是假果；从结构上看，称其为聚合瘦果。

（4）观察聚花果的结构。取桑椹的雌花序和桑葚（果实）作纵剖观察，可看到桑葚的雌花序是由许多雌花组成的，每朵小花只有花萼和雄蕊，而桑葚就是由整个雌花序发育而成，人们食用部分是由许多雌花的肉质花萼，故称聚花果。

3. 点评与答疑 教师对各小组的任务完成情况进行点评，解答学生对本任务学习过程中提出的疑问。

4. 考核与评价 见表 3-14。

表 3-14 观察种子和果实的结构

名称		观察种子和果实的结构												
评价项目	考核评价内容	自评			互评			师评			总评		
		优秀	良好	加油	优秀	良好	加油	优秀	良好	加油	优秀	良好	加油
训练态度（10分）	目标明确，能够认真对待、积极参与												
团队合作（10分）	组员分工协作，团结合作配合默契												
实训技能 种子和果实的形成过程（20分）	理论掌握到位												
种子和果实的类型（20分）	分类无误												
学习效果（20分）	绘图科学规范												
安全文明意识（10分）	不拆卸配件，不私自调换镜头，不用手揩抹镜头，爱护切片												
卫生意识（10分）	实训完成及时打扫卫生，保持实训场所整洁												
综合评价													

五、课后探究

1. 果实是怎样形成的，单性结实和无子结实有什么关系？
2. 绘制豆类种子、禾谷类籽粒的解剖结构（各一种）图。
3. 根据所提供的果实，填写表 3-15（表中以番茄为例）。

表 3-15 果实信息记录

植物种类	果实类型		真果或假果	胎座类型	果实的主要结构特征
	肉质果	干果			
番茄	浆果		真果	中轴胎座	外果皮较薄，中、内果皮及胎座均肉质化，并充满汁液

04 项目四
植物的分类及识别

 **学习目标**

1. 能按系统进化特点、生物学特性、生态习性等对植物进行分类。
2. 掌握植物分类的单位及植物命名的方法。

能力目标

1. 能用植物分类检索表来检索常见植物。
2. 能识别常见的双子叶植物和单子叶植物，并写出它们的种名和科名。
3. 会采集与制作植物的腊叶标本。

素养目标

1. 理解植物多样性在生态平衡中的重要作用，增强投身生态文明建设的责任感与使命感。
2. 增强保护生物多样性、保护生态环境的意识，激发保护大自然、珍爱生命的情怀。

项目分析

通过植物器官的形态识别与植物微观结构的观察，学生对植物的形态结构有了一定的了解。自然界的植物有50余万种，要认识、利用、改造它们，就必须对它们进行分门别类，同时按照植物类群的等级，采用林奈的"双名法"给植物命名。要能根据双子叶植物纲和单子叶植物纲常见科的形态特征和识别要点识别常见植物，说出常见植物的种名和科名；会用植物检索表辅助识别；学会采集植物标本，并制作腊叶标本。

本项目分为3个任务，其中任务一建议学时为2学时，任务二建议6学时，任务三建议2学时。

任务一　植物分类的基础知识

学习目标

1. 会对植物进行归类。
2. 能使用植物检索表查阅植物种类。

任务要求

课前调查校园植物的种类有哪些，采集不同种类的常见新鲜植物10～15种。

课前准备

1. 工具 放大镜、镊子、解剖针、刀片、中国植物志、中国高等植物图鉴、中国种子植物分科检索表和分属检索表。

2. 场地及材料 园艺作物生长大棚、园林绿地或盆花（常见新鲜植物 10～15 种）。

一、任务提出

1. 日常生活中，人们对常见的植物是如何分类的？

2. 在植物分类学上根据亲缘关系，你知道植物分类的各级单位吗？

3. 你知道"双命名法"命名的法则吗？列举 5 种以上植物的学名，同时判断它们学名的构成。

4. 利用植物检索表对 5 种植物进行检索，分别检索出该 5 种植物的科、属、种。

二、任务分析

通过展示一组常见植物（荷花玉兰、柿、法国梧桐、紫薇、狗尾草、革叶蕨、牵牛花、葱兰、麦冬等）的图片，让学生认一认，这些植物是什么？各小组给常见的植物归类，各组分类的依据是什么？为了便于不同国籍、不同语言、不同地区之间的准确交流，避免出现同名异物或同物异名现象，需要有一种全世界通用的、给植物科学命名的方法，这就是林奈的"双名法命名"。通过该任务的学习，要能科学地认识、记住常见植物的学名；会使用植物检索表帮助识别、鉴定植物。

三、相关知识

（一）植物分类的方法

在植物学的发展中，植物分类的方法大致可分为两种。

1. 人为分类方法 人们根据生产及生活中的实用方便，选择植物的某一或几个特征，作物分类依据对植物进行分类。如林奈把有花植物雄蕊的数目作为分类标准，分为一雄蕊纲、二雄蕊纲等。人为分类方法，紧密联系生产，通俗易懂，但是没有考虑到植物的亲疏程度和进化过程。

2. 自然分类方法 利用自然科学的先进手段，从比较形态学、比较解剖学、古生物学、植物化学和植物生态学等不同的角度，反映植物界自然演化过程和彼此间的亲缘关系。它是对植物的形态、构造、机能以致个体发育和系统发育等方面做了综合的、深入的研究后，根据植物的亲疏程度作为分类标准所进行的分类系统。如水稻与小麦有许多相同点，于是认为它们较亲近；小麦与大豆、甘薯，相同的地方不多，所以它们较疏远，这样的方法是自然分类方法，这样的分类系统是自然分类系统。

（二）植物分类的各级单位

根据进化学说，所有的生物起源于共同的祖先，彼此之间都有亲缘关系，并经历从低级到高级，从简单到复杂的系统演化过程。因此分类学上根据亲缘关系把共同性比较多的一些种归纳成属，再把共同性较多的一些属归纳成科，如此类推而成目、纲和门。因此界、门、纲、目、科、属、种是分类学上的各级分类单位。植物分类的基本单位见表 4-1。

表 4-1　植物分类的基本单位

名	拉丁文	英文
界	Regnum	Kingdom
门	Divisio	Divisio
纲	Classis	Class
目	Ordo	Order
科	Familia	Family
属	Genus	Genus
种	Species	Species

各级单位根据需要可再分成亚级，即在各级单位之前，加上一个亚字，如亚门、亚纲、亚目、亚科、亚属、亚种、变种、变型等。现以水稻、垂柳为例，说明它在分类上所属的各级单位。

界　植物界　　　　　　　界　植物界
　门　被子植物门　　　　　门　被子植物门
　　纲　单子叶植物纲　　　　纲　双子叶植物纲
　　　目　禾本目　　　　　　　目　杨柳目
　　　　科　禾本科　　　　　　　科　杨柳科
　　　　　属　稻属　　　　　　　　属　柳属
　　　　　　种　稻　　　　　　　　　种　垂柳

种是分类上一个基本单位，同种植物的个体起源于共同的祖先，具有极近似的形态特征，且能进行自然交配并产生正常的后代，既有相对稳定的形态特征，又是在不断地发展演化。如果在种内的某些植物个体之间，又有显著差异时，可视差异的大小分为亚种、变种、变型等，其中变种是最常用的，如糯稻就是一个变种。

品种不是植物分类学中的一个分类单位，是人类在生产实践中经过选择培育或为人类所发现的，一般基于经济意义和形态上的差异，如植株大小，果实色、香、味等，实际上是栽培植物的变种或变型。例如，苹果的红富士、国光等都是品种。

（三）植物的命名法则

不同国家、地区由于习惯和语言的差异，每种植物的名称都有所不同。例如马铃薯，在我国北方称土豆，南方称洋山芋或洋芋，英语称 potato，这些名称都是地方名或俗名，这种现象称为同物异名。又如在我国叫"白头翁"的植物有 10 多种，实际它们分别属于蔷薇科、毛茛科等不同科，这个属于同名异物现象。"一名多物"和"一物多名"的现象必然造成混乱，妨碍国内和国际的科学交流。为了避免这种混乱，有一个统一的名称是必要的。林奈于1753 年用两个拉丁单词或拉丁化形式的字作为一种植物的名称，第一个词是属名，为名词，其第一个字母要大写，相当于"姓"；第二个词称为种加词，是形容词，相当于"名"；同时还要求在双名之后写出命名人的姓氏或姓氏缩写（第一个字母要大写），便于考证。这种命名的方法，称双名命名法，简称双名法。如稻的学名为 *Oryza sativa* L.，第一个字是属名，为水稻的古希腊名，是名词；第二个字是种加词，是栽培的意思；后边的"L."是定名人林奈的缩写。如果是变种，则在种名的后边，加上一个变种的缩写 var.，然后再加上变种名，同样后边附加定名人的姓氏或姓氏缩写，如蟠桃的学名为 *Prunus persica* var. *compressa* Bean。

（四）植物检索表及其应用

植物检索表是识别鉴定植物时不可缺少的工具，它的编制是依据法国博物学家拉马克的二歧分类原则。选用一对显著不同特征特性将一群植物用一分为二的方法，逐步对比排列进行分类，各分支按其出现的先后顺序，在前边加上一定的顺序数字，相对应两个分支前的数字应相同，并写在距左边有同等距离的地方，后出现的两个分支应向右边低一个字格直到分类的终点，检索表有定距检索表和平行检索表两种。现以植物界基本类群为例加以说明。

定距检索表（退格式检索表）：

1. 植物体无根、茎、叶的分化，雄性生殖结构由单细胞构成，不产生胚 ······ 低等植物
 2. 植物体不含叶绿素
  3. 细胞内无细胞核分化 ·· 细菌
  3. 细胞内有细胞核分化
   4. 植物体不形成菌丝 ·· 黏菌
   4. 植物体通常形成菌丝 ·· 真菌
 2. 植物体含有叶绿素
   5. 植物体不与真菌共生 ·· 藻类
   5. 植物体与真菌共生 ·· 地衣
1. 植物体绝大多数有根、茎、叶的分化，雌性生殖结构由多细胞构成 ········ 高等植物
   6. 植物无花，无种子，以孢子繁殖
   7. 植物体不具真正的根和维管束 ······························ 苔藓植物
   7. 植物体有根的分化，并有维管束 ···························· 苔藓植物
   6. 植物有花，以种子繁殖
    8. 胚珠裸露，不包于子房内 ································ 裸子植物
    8. 胚珠包于子房内 ·· 被子植物

平行检索表：

1. 植物体无根、茎、叶分化，雌性生殖结构由单细胞构成，生活史不出现胚 ········ 2
1. 植物体绝大多数有根、茎，叶分化，雌性生殖结构由多细胞构成，生活史中出现胚
 ·· 3
 2. 植物体不含叶绿素 ·· 4
 2. 植物体含有叶绿素 ·· 5
  3. 植物无花，无种子，以孢子繁殖 ···························· 6
  3. 植物有花，有种子，以种子繁殖 ···························· 7
   4. 细胞内无细胞核分化 ···································· 细菌
   4. 细胞内有细胞核化 ······································ 8
   5. 植物体不与真菌共生 ···································· 藻类
   5. 植物体与真菌共生 ······································ 地衣
   6. 植物体不具真正的根与维管束 ···························· 苔藓植物
   6. 植物体有根的分化并有维管束 ···························· 蕨类植物
   7. 胚珠裸露，不包于子房内 ································ 裸子植物
   7. 胚珠包于子房内 ·· 被子植物

8. 植物体不形成菌丝 ………………………………………………… 黏菌
8. 植物体形成菌丝 …………………………………………………… 真菌

四、组织实施

1. 根据林奈的"双名法"，判断植物学名的构成。
2. 利用植物检索表，分别检索出给定植物的科、属、种。
3. 点评与答疑：教师对各小组的任务完成情况进行点评，解答学生对本任务学习过程中提出的疑问。
4. 考核与评价（表4-2）。

表4-2　植物分类的基础

名称		植物分类的基础											
评价项目	考核评价内容	自评			互评			师评			总评		
		优秀	良好	加油	优秀	良好	加油	优秀	良好	加油	优秀	良好	加油
训练态度（10分）	目标明确，能够认真对待、积极参与												
团队合作（10分）	组员分工协作，团结合作配合默契												
实训技能 写出常见植物的分类单位（20分）	对给定的2种常见植物，正确界定其在分类中的各级单位												
实训技能 写出常见植物的学名（20分）	对给定的10种常见植物，分别写出科名和种名												
实训技能 植物检索表的使用（20分）	利用植物检索表，分别检索出给定植物的科、属、种												
安全文明意识（10分）	不攀爬树木、围墙等，爱护植物、植被，不折大枝												
卫生意识（10分）	实训完成及时打扫卫生，保持实训场所整洁												
综合评价													

五、课后探究

编写校园10种常见植物的分类检索表。

任务二　被子植物主要科的识别

学习目标

1. 掌握双子叶植物纲和单子叶植物纲常见科的形态特征和识别要点。
2. 能准确识别常见的双子叶植物和单子叶植物。

任务要求

用手机给植物拍照，拍摄具有花（果）、枝（含顶端部分）、叶、根等器官生长健壮的植株或其中一部分。拍摄十字花科、蔷薇科、豆科、菊科、葫芦科、百合科、石蒜科、禾本科等科的植物，每科至少2种。

课前准备

1. 工具　放大镜、镊子、解剖针、白纸、铅笔、彩笔、手机。

2. 场地或材料　园艺作物生长大棚、园林绿地或盆花（包括双子叶植物及单子叶植物各20种以上）。

一、任务提出

1. 根据观察总结植物与双子叶植物形态特征的不同之处。

2. 你知道的双子叶植物纲有哪些科？列举5种以上，根据观察总结所列举的5种科的形态特征和每科常见的植物。

3. 你知道单子叶植物纲有哪些科的植物？列举5种以上，根据观察总结所列举的5种科的形态特征和每科常见的植物。

4. 对给定的20种当地常见的双子叶植物和20种当地常见的单子叶植物进行识别，写出植物的种名和科名。

二、任务分析

被子植物分科的主要特征是识别植物的重要依据之一。在识别中，首先观察记录植物叶、花、果实、种子等形态结构特点、生活环境等，通过植物检索表、网上检索植物的某一特征初步确定植物的名称；其次依据观察记录的各器官的形态特征，进一步比较确定；最后，根据种名，利用《植物图鉴》进一步鉴定。利用课余时间，识别身边的植物，进一步练习使用植物检索表、植物图鉴等工具书鉴定植物，为后续课程及以后的工作打下坚实的基础。

三、相关知识

（一）双子叶植物纲

1. 木兰科　本科约15属，182种，主要分布于热带与亚热带，我国有11属，130余种。该科形态特征：木本。单叶互生。托叶大，早落，留有明显的托叶痕。花两性，朵大；

萼片和花瓣常相似，分离，排成数轮；雄蕊和雌蕊多数，离生，螺旋状排列于柱状花托上。果多为聚合蓇葖果，少数为蒴果或翅果（图4-1）。

花　　　　　　　　　　　　　　　　雄蕊和雌蕊

图 4-1　白玉兰

（强胜，2017. 植物学）

识别要点：木本。枝条上留有托叶痕。花大，雌蕊和雄蕊多数，离生，螺旋状排列于柱状的花托上，花托于结果时延长。果实为聚合蓇葖果。

木兰科常见的观赏植物有荷花玉兰、玉兰、辛夷，后面两个的花蕾作为"辛夷"入药。白兰花腋生，极香；鹅掌楸叶形奇特，为马褂形；含笑原产于印度尼西亚，现我国华南各地都有栽培，供观赏。

2. 毛茛科　草本，偶为木质藤本或灌木。叶基生或互生，常掌状分裂或羽状复叶。花两性，花部分离；花萼、花瓣3至多数或无花瓣；雄蕊多数，离生；心皮1至多数，螺旋状排列于膨大的花托上。果实为聚合蓇葖果或瘦果（图4-2）。

铁线莲花　　　　　　　　　　　　　圆锥铁线莲

图 4-2　铁线莲

（马炜梁，2015. 植物学）

识别要点：草本。叶为复叶或分裂。花两性，雌、雄蕊多数，离生，螺旋状排列于膨大的花托上；花瓣和花萼均离生。瘦果聚合。

毛茛科植物多含有各种生物碱，所以多为药用植物，如乌头块能祛风镇痛，子根为中药"附子"，均含有多种乌头碱，有剧毒；黄连根状茎和须根为黄色，味苦，可提取小檗碱；打碗花的花是良好的农业杀虫剂；飞燕草、牡丹、芍药是园艺观赏植物；升麻、铁线莲、威灵仙、芍药、白头翁等为药用植物；毛茛、苗苗蒜为常见农田杂草。

138

3. 十字花科 草本。单叶互生，叶常基生呈莲座状。花两性，辐射对称，为总状花序；花萼4枚，排列为2轮；花瓣4枚，呈"十"字形排列，为"十"字形花冠；雄蕊6枚，内轮4枚长，外轮2枚短，为四强雄蕊；子房上位，雌蕊为2个心皮结合而成，常被1个次生的假隔膜把子房分为假2室，侧膜胎座式。果实有短角果或长角果之分，常有2瓣开裂（图4-3）。

植株　　　　　　　　　　花　　　　　　　　　四强雄蕊

图4-3　青　菜

（强胜，2017. 植物学）

识别要点：草本。叶常基生，呈莲座状。花两性，辐射对称，总状花序，花冠呈"十"字形；四强雄蕊；子房1室，有2个侧膜胎座。角果具假隔膜。

十字花科植物与人们的日常生活关系密切，多为油料植物和栽培蔬菜。芸薹（油菜）的种子含油量达40%；花椰菜（花菜）、白菜（大白菜、黄芽菜）、结球甘蓝（卷心菜）、青菜（小白菜）为常见蔬菜；芜菁、大头菜、芥菜、萝卜等常盐腌制加工后食用；芥、黑芥、白芥的种子可作药用和调味品；紫罗兰、桂竹香、羽衣甘蓝、香雪球等为观赏植物；荠和薄菜等是田间杂草。

4. 蓼科 一年或多年生草本，茎节常膨大。单叶互生，全缘。托叶膜质，鞘状包茎，称膜质托叶鞘。花很小，两性，少单性，辐射对称；花被3～6枚，呈花瓣状，无花瓣；雄蕊常8枚，少数6～9枚，基部常由蜜腺联合而成花盘；雌蕊由3枚心皮合成，子房上位，1室，内含1枚直生胚珠。瘦果，三棱形或两面凸形，种子有胚乳（图4-4）。

植株　　　　　　　　　　　　各部分解

图4-4　红　蓼

（马炜梁，2015. 植物学）

识别要点：草本，茎节常膨大。单叶，全缘，互生，有托叶鞘。花两性，单被，萼片花瓣状，子房上位。瘦果常包于增大的花被中。

蓼本科主要有杂粮作物、药用植物和许多杂草。荞麦和野荞麦种子磨粉供食用；大黄根状茎粗壮、黄色，叶掌状浅裂，根茎作泻下药，有健胃作用；虎杖（九龙根）和何首乌的根茎均可入药，竹节蓼的茎叶可入药；萹蓄、水蓼、红蓼、杠板归、火炭母等除药用外均为杂草。

5. 藜科 草本或灌木，植株常具粉粒状物或皮屑状物。单叶互生，无托叶。花小，单被，单性或两性，常草绿色或无色彩；花萼3～5片，分离或联合，花后常增大或宿存；雄蕊常与萼片同数而对生；子房上位，胚珠1个，由2～3个心皮结合而成。胞果，常包于宿萼内。胚螺旋状或弯曲，具外胚乳（图4-5）。

植株　　　　　　　　　　　　　　花序及花

图 4-5 小 藜

（马炜梁，2015. 植物学）

识别要点：草本，植株常有粉粒状物。花小，单被，雄蕊与萼片同数对生。胞果，胚环形。

藜科栽培植物中的甜菜，根为制糖原料；菠菜作蔬菜食用；莙达菜（牛皮菜、厚皮菜）是甜菜的变种，根不肥大，叶绿而大，为南方及西南地区常见蔬菜；土荆芥全草入药，茎、叶含土荆芥油，为健胃、通经的药，果实挥发油中含驱素，为驱虫有效成分，为常用中药；杖藜在世界各国普遍栽培，除幼苗可食外，茎干可做手杖；地肤茎干可作扫帚用，种子药用；沙蓬种子是油源植物；藜为常见的旱地杂草。

6. 葫芦科 一年或多年生藤本、攀缘、匍匐草本，常有卷须。茎5棱，为双韧维管束。单叶互生，常掌状分裂。花单性，辐射对称，雌雄异株或同株；雄花花萼管状，常5裂，花瓣5片，合生；雄蕊5枚，由于花丝两两结合，另一枚花丝分离，外形上通常看似为3枚雄蕊，花药长、大，常常弯曲成S形；雌花花萼5裂，花冠5裂，雌蕊有3枚心皮组成，子房下位，为侧膜胎座，胚珠多数。瓠果（图4-6）。

识别要点：草质藤本，有卷须，茎5棱。叶互生，

图 4-6 黄 瓜

（强胜，2017. 植物学）

掌状分裂。花单性，雄蕊5枚，聚药雄蕊，花丝两两结合，1个分离；雌蕊由3个心皮组成，侧膜胎座，下位子房。瓠果。

葫芦科植物经济价值很高，可以作蔬菜和水果，几乎包括所有的瓜类。作蔬菜的有南瓜、苦瓜、黄瓜、丝瓜、冬瓜、瓠瓜等；作水果的有甜瓜（哈密瓜、白兰瓜）、西瓜等。木鳖子、栝楼、绞股蓝、罗汉果等为药用植物。

7. 山茶科 多为灌木或常绿乔木。单叶互生，无托叶，常革质。花常两性，辐射对称，单生于叶腋；花瓣、萼片各5枚，分离或基部连合；雄蕊多数，多轮，分离或成束，常与花瓣联生；心皮3～5个，子房3～5室，子房上位，中轴胎座。果实为蒴果、不开裂核果状果，种子含少量胚乳（图4-7）。

识别要点：常绿木本，单叶互生。无托叶，常革质。花瓣、萼片各为5枚；雄蕊多数，成多轮，集为数束，着生在花瓣上；上位子房，中轴胎座。常为蒴果。

图4-7 山 茶
（马炜梁，2015. 植物学）

茶是我国原产、著名的饮料，是本科的最重要的经济作物；油茶的种子含油，是著名的油料作物；此外还有各地栽培的山茶，如云南的滇山茶均为观赏用；金山茶花朵金黄色，是我国一级保护稀有品种，被誉为"茶族皇后"。

8. 苋科 草本，少为灌木。单叶互生或对生，无托叶。花小，常两性；常密集簇生为穗状、头状、圆锥状或总状的聚伞花序；单被花，萼片为3～5个，干膜质，绿色或着色，花下常有1枚干膜质苞片和2枚小苞片；雄蕊1～5枚，与萼片对生，花丝基部常连合成管；子房1室，上位，由2～3枚心皮组成，基生胎座。常为胞果，盖裂或不裂，种子有胚乳（图4-8）。

图4-8 鸡冠花
（马炜梁，2015. 植物学）

识别要点：草本。单叶对生或互生，无托叶。花小，萼片膜质，萼片与雄蕊对生。果实为胞果。

苋科植物中常见的蔬菜有苋菜、繁穗苋、尾穗苋；鸡冠花、千日红为栽培花卉；青葙、牛膝为药用植物；水花生、野苋、刺苋等为常见杂草。

9. 锦葵科 木本或草本。茎皮部富纤维，单叶，互生，具托叶。花两性，辐射对称；萼片 5 枚，其常有由苞片变成副萼；花瓣 5 片，旋转状排列；雄蕊多数，花丝联合成管，称为单体雄蕊，花药 1 室；雌蕊由 3 至多数心皮组成，上位子房，3 室至多室，每室具有 1 到多个倒生胚珠。蒴果或分果（图 4-9）。

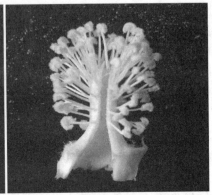

花部离解   单体雄蕊

图 4-9 棉 花

（马炜梁，2015. 植物学）

识别要点：单叶。纤维发达。花两性，有副萼，单体雄蕊，花药 1 室，花粉粒大。蒴果或分果。

锦葵科有许多著名的纤维作物，棉花种子的种毛为纺织的原料；苘麻、洋麻可作纤维用；秋锦、玫瑰的茄果实可供食用；木槿属中有多种观赏植物，如悬铃花、扶桑等；锦葵、花葵、蜀葵、黄蜀葵等也是常见的观赏植物。

10. 大戟科 草本、灌木或乔木，常含乳汁。单叶，少复叶，互生，具有托叶，叶基部常有腺体。花单性同株，少异株；萼片 3～5 枚，有花盘或腺体，花被常为单被、双被或无花被；雄蕊 1 至多枚，花丝合生或分离；雌蕊由 3 个心皮组成，子房上位，3 室，中轴胎座。蒴果，稀为浆果或核果，种子有胚乳（图 4-10）。

花瓣5

纵切—
子房横切—
腺体 雌花 萼2～3裂 雄花
—腺体无柄
雄蕊
—雄花纵切

果枝   雌、雄花

图 4-10 油 桐

（马炜梁，2015. 植物学）

识别要点：常具有乳汁。叶基部常具有腺体。花单性。蒴果 3 室。

大戟科植物中有很多经济植物。如桐油是我国闻名世界的特产，其所产的油性能极好，产量占世界总产量的70%，是涂料、油漆等工业的重要原料；蓖麻种子的含油量达69%～73%，油质佳，供工业和医药上用；乌桕种仁榨油，种子上的蜡层是制肥皂和蜡烛的原料；算盘子、甘遂、巴豆、泽漆等可作为土农药；地锦、铁苋菜、大戟等可作药用；银边翠、猩猩草、霸王鞭、重阳木可作为观赏植物；木薯块根肉质，含大量淀粉，可作工业和粮食用原料；三叶橡胶树是提取橡胶的优良树种。

11. 蔷薇科 草本、灌木或乔木。茎常具刺和皮孔。单叶或复叶，叶常互生，有托叶。花两性，辐射对称，花托突起、下陷或平展，花托的中央部位着生雌蕊；萼裂片和花瓣常为5枚；雄蕊多数，着生于花筒或花托边缘的上面；雌蕊有1至多个心皮，连合或分离；子房上位或下位。果实为蓇葖果、核果、梨果等。蔷薇科根据子房位置、心皮数和果实的特征分为4个亚科：绣线菊亚科、蔷薇亚科、苹果亚科和梅亚科（图4-11、图4-12）。

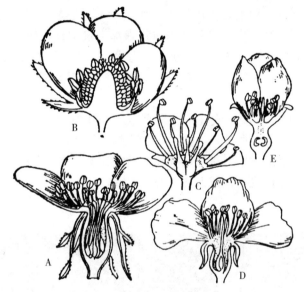

图 4-11　蔷薇科植物花的代表
A. 蔷薇属　B. 草莓属　C. 绣线菊属　D. 李属　E. 梨属
（李扬汉，1984. 植物学）

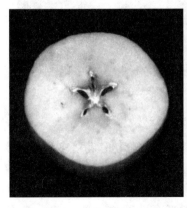

图 4-12　蔷薇科果实
A. 苹果的果实　B. 桃的果实
（强胜，2017. 植物学）

将 4 个亚科列检索表于下：

1. 果实为开裂的蓇葖果。心皮 1～5 个或 12 个，每个心皮有 2 至多个胚珠；花托浅盘状，常无托叶 ·· 线菊亚科

1. 果实不开裂。有托叶。

  2. 下位子房，心皮 2～5 个与下陷或壶状的花托内壁愈合。果实为梨果 ··· 苹果亚科

  2. 上位子房，心皮 1 至多个，着生在凸起或下凹的花托上。果实为核果或瘦果。

    3. 心皮多数，生长在凸起或下凹的花托上；萼裂片常宿存。果实为瘦果或小核果

    ·· 蔷薇亚科

心皮常为 1 个，萼脱落。果实为核果 ·· 李亚科

识别要点：叶互生，常有托叶。花两性，辐射对称，花托凸隆至凹陷，花为 5 基数，轮状排列。子房上位或下位，种子无胚乳。果实为蓇葖果、核果、梨果等。

蔷薇科是一个重要的经济科，很多果树和花卉都来自本科，如桃、梅、李、杏、苹果、樱桃、枇杷、山楂、海棠、梨、木瓜、沙果、草莓等；观赏植物有玫瑰、月季绣线菊、珍珠花、日本樱花、垂丝海棠、麻叶绣球、珍珠梅、木香、白花碧桃等；药用植物有金樱子、龙芽草、地榆、委陵草等。

12. 豆科 草本、藤本、灌木或乔木。常有根瘤。叶多为三出复叶或羽状复叶，互生，具托叶，叶柄基部有叶枕。花两性，5 基数；花萼花瓣均为 5 枚，多面对称至单面对称，花冠多为蝶形，少数为假蝶形或辐射对称；雄蕊多数或定数，常 10 枚，以 1 与 9 或 5 与 5 的方式连合成二体，称为二体雄蕊；雌蕊 1 心皮，1 室，上位子房，具有多数胚珠边缘胎座。荚果，种子无胚乳（图 4-13）。

花序   花部离解

图 4-13 合 欢

（强胜，2017. 植物学）

识别要点：常有根瘤；叶常为羽状或三出复叶，具有叶枕；花冠多为蝶形或假蝶形，二体雄蕊，边缘胎座。荚果。

豆科主要有油料作物有大豆、花生、豌豆；杂粮作物有蚕豆、绿豆、小豆等；绿肥作物及饲料作物有三叶草、苜蓿、草木樨、野豌豆、紫穗槐、紫云英、田菁等；蔬菜作物有菜豆、豇豆、扁豆、豆薯等；药用植物有甘草、黄芪、密花豆、鸡骨草、苦参、皂荚、槐等；作观赏的有含羞草、合欢、紫荆、凤凰木等；材用的有紫檀、花榈木、黄檀

等优良的树种。

13. 杨柳科 乔木或灌木。单叶互生，有托叶。花单性，花雌雄异株，柔荑花序；常于先叶开放，每花下有 1 个膜质苞片；无花被，由花被退化而来的花盘或蜜腺；雄蕊 2 至多数；雌蕊 1 个，子房由 2 心皮结合而成，1 室，上位子房，侧膜胎座。蒴果，2～4 瓣裂。种子细小，由珠柄长出多数白色长柔毛（图 4-14）。

 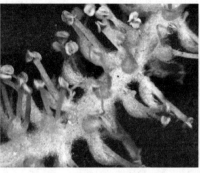 

植株　　　　　　　　　　雄花序　　　　　　　　　　雌花序

图 4-14 垂 柳

（强胜，2017. 植物学）

识别要点：木本。单叶互生且有托叶；花常先叶开放为柔荑花序，无花被，有花盘或腺体。蒴果。种子小，基部有白色长柔毛。

杨柳科植物多为优良的造林树种，生长迅速，易形成不定根，常采用扦插繁殖，对环境适应性较强，既可在较干旱的荒沙地生长，也可在水边生长。因此，该科植物是护堤固沙防风的良好树种。毛白杨、早柳、河柳木材质地轻，是造纸及制作火柴杆等的原料；筐柳、柳杞是编织箱笼的主要材料；垂柳、银白杨等可供观赏或作行道树。

14. 壳斗科 乔木或灌木，单叶互生，托叶早落。花单性，多为雌雄同株，无花瓣，雄花常排成柔荑花序，下垂或直立；花被 4～8 枚，雄蕊与花被裂片同数或为其倍数；雌花簇生或单生于总苞内；子房下位，3～7 室，每室 2 胚珠，只有 1 个胚珠发育成种子；总苞花增大呈杯状或囊状，称壳斗。坚果部分或全部包藏于一个壳斗中，外有鳞片或刺。种子无胚乳，子叶肥厚，富含油脂或淀粉（图 4-15）。

 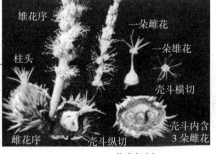 

花枝　　　　　　　　　　花序解剖　　　　　　　　　　总苞开裂

图 4-15 栗 树

（马炜梁，2015. 植物学）

识别要点：木本。单叶互生。雌雄同株，雄花是柔荑花序；雌花于总苞内；下位子房，每室2胚珠，1个成熟。坚果位于壳斗中。

壳斗科植物的木材坚韧，是制造家具、农具、船舶、地板、枕木、枪托等的主要用材；栓皮栎树皮含很厚的木栓层，可作软木塞、救生圈及各种工艺品；树皮、枝壳斗可提取拷胶，供制革用，还可作黑色染料；木材及锯屑可以种植冬菇；栎树木材坚硬，燃烧时火力很强，是优良的薪炭材，幼叶可作柞蚕的饲料；栎树果实中富含淀粉，可以制酒，提取淀粉或做猪饲料。茅栗、锥栗、板栗的果实可食用，有木本粮食的美称。

15. 桑科 乔木、灌木，少有藤本或草本的，常具有乳汁。单叶常互生，少对生，具有托叶。花小，单性；雌雄同株或异株，常集合头状、隐头、穗状或柔荑花序；花单被，萼片4枚；雄蕊与萼片同数而对生；雌花仅有雌蕊，由2个心皮组成，子房上位，1室。果为核果或瘦果，由增大的肉质花被包围，常集合成聚花果（图4-16）。

果枝

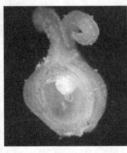
雌花

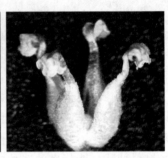
雄花

图 4-16 桑 树
（强胜，2017. 植物学）

识别要点：木本。常有乳汁。单叶互生，花小，单性，集成各种花序；单被花，4基数。瘦果、核果集合为各式聚花果。

桑科植物的经济价值较高。桑叶饲蚕，桑树的皮可做造纸的原料，桑的聚花果称为桑葚，可食用或酿酒；根皮、枝、果入药；印度橡胶树、榕树、菩提树为南方常见的行道树和观赏树木；构树的纤维是造纸的原料，构叶可作猪的饲料；波罗蜜、无花果的肉质聚花果可提供食用。

16. 荨麻科 草本、少灌木，茎皮有较长纤维，常具刺毛。单叶，互生或对生；常有托叶。花少，多单性，单被花，雌雄同株或异株；花常排成聚伞花序、穗状花序或圆锥花序；雄花被4~5裂，裂片有时有附属体；雄蕊与花被片同数且对生，雌花萼管状或3~5裂，子房1室，有胚珠1个。果为核果或瘦果（图4-17）。

识别要点：草本，常具刺毛，茎皮有发达纤维。花单性，单花被，聚伞花序，雌花萼管状。核果或瘦果。

荨麻科植物纤维好，苎麻茎皮纤维质优，是重要的纺织原料，我国产量居世界第一位；根皮、叶入药，赤麻茎皮纤维可造纸。糯米团根及全草入药，有健身、补

图 4-17 苎 麻
（李扬汉，1984. 植物学）

肾、益气之功效。

17. 鼠李科 乔木或灌木，直立或攀缘状，稀草本，常有刺。单叶，通常互生，托叶小，脱落。花小，辐射对称；两性，少数单性；呈聚伞状，总状或圆锥花序；萼 4～5 裂，花瓣 4～5 枚或无；雄蕊 4～5 枚，与花瓣对生；花盘肉质，子房上位，2～4 室，每室有 1 个胚珠，花柱 2～4 裂。果为蒴果或核果（图 4-18）。

 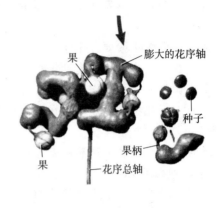

植株　　　　　　　　　　　　　　　　　果枝

图 4-18　拐　枣

（马炜梁，2015. 植物学）

识别要点：通常木本，有刺。单叶花，两性，雄蕊与瓣对生，有花盘，子房上位。蒴果或核果。

鼠李科栽培果树有枣，核果称枣子，除生食外，可晒成干枣；同属的植物有酸枣，作为传统中药；拐枣为落叶乔木，果球状，不开裂，果序柄扭曲肉质，成熟时呈红褐色，可生食，为糖果、酿酒原料；铜钱树为落叶乔木，果实木质，不开裂，周围有木栓质翅。

18. 葡萄科 多为木质藤本，稀有草本、灌木或乔木。茎卷须与叶对生，单叶或复叶，互生，有托叶。花小，两性或单性异株，或有时为杂性，排成聚伞或圆锥花序，与叶对生。花细小，萼片 4～5 裂，不明显；花瓣与萼片同数，分离或顶端结合成帽状；雄蕊 4～5 枚，和花瓣对生；心皮 2 个，合生，子房上位，2 室，中轴胎座，每室胚珠 2 个，果实浆果（图 4-19）。

识别要点：藤本。卷须与叶对生，花序与叶对生，雄蕊与花瓣对生。有花盘，浆果。

葡萄科葡萄为主要栽培果树。除鲜吃外，其制品还有葡萄干、葡萄汁、葡萄酒；野生葡萄、山葡萄果实不但可以加工，并可作为育种的原始材料。爬墙虎等作为垂直绿化用，乌敛莓等可作地被绿化用。

图 4-19　葡　萄

19. 芸香科 多为芳香性常绿乔木或灌木，少有草本，通常具刺。叶为羽状复叶或单身复叶，稀为单叶，通常有透明油腺点，无托叶。花多为两性，辐射对称，组成聚伞或总状花序；萼片 4～5 枚，基部合生；花瓣 4～5 枚，离生，雄蕊

8～10 枚，常 2 轮，肉质花盘发达；雌蕊由 4～5 个心皮组成，多合生，子房上位，胚珠每室 1～2 个，中轴胎座。果为柑果，浆果或核果（图 4-20）。

识别要点：通常有刺，叶多为复叶或单身复叶，有发达的油腺，在叶上表现为透明的小点，含芳香油。子房上位，花盘发达，外轮雄蕊常和花瓣对生。果为柑果或浆果。

芸香科包括大量重要果树，如柑、橘、橙、柚、柠檬、金柑等。大多味美多汁，营养丰富，且便于运输、贮藏和加工。除作水果外，还可用于医药、糖果、饮料及化妆品工业等，在国民经济中具有重要意义。

20. 无患子科　乔木或灌木，稀为攀缘草本植物。叶互生，通常羽状复叶，无托叶。花小，数多，两性、单性或杂性，常成总状花序，圆锥花序或聚伞花序；萼片 4～5 枚；花瓣 4～5 枚，有时缺；花盘发达；雄花中雄蕊 8～10 枚，2 轮；雌蕊由 2～3 个合生心皮组成；子房上位，通常 3 室，每室有 1～2 个胚珠。果实为蒴果、核果、浆果、坚果或翅果。种子无胚乳。具有多汁的假种皮（图 4-21）。

识别要点：通常羽状复叶。花小，常杂性异株；花盘发达，雄花中雄蕊 8～10 枚，2 轮；具典型 3 心皮子房。种子常具假种皮，无胚乳。

无患子科植物多产于热带或亚热带，少数能生长在温带。龙眼、荔枝是我国特产，为美味名果，可鲜食和干食，果肉晒干，可作补品；无患子的假种皮中含有肥皂素，可代替肥皂作洗涤用；文冠果的种子油可供食用或工业用。

21. 胡桃科　落叶乔木，有树脂。羽状复叶，互生，无托叶。花单性，雌雄同株；雄花排成下垂的柔荑花序，花被与苞片合生，不规则，2～5 裂；雄蕊 3 至多数；雌花单生、簇生或为直立的穗状花序，雌花被 4 裂；子房下位，1 室，胚珠 1 个基生。坚果核果状或具翅；种子无胚乳，子叶常皱，含油脂（图 4-22）。

识别要点：落叶乔木。叶互生，羽状复叶。花单性，雄花成柔荑花序；子房下位，1 室，胚珠 1 个。坚果核果状或具翅。

胡桃科中重要的植物有：胡桃，重要油料果树及国防用材树种；野核桃，产于江南和陕西等；山核桃产于华东地区。化香树的小坚果可制黑色染料，树皮含单宁供制革用。枫杨是嫁接胡桃、山核桃的良好砧木，也可作行道树。

图 4-20　柚　子
（强胜，2017. 植物学）

图 4-21　荔　枝
1. 果枝　2. 花
（李扬汉，1984. 植物学）

花　　　　　　　　　枝、果实、种子、子叶

图 4-22　核　桃

（马炜梁，2015. 植物学）

22. 伞形科　草本。茎有棱，具髓或中空。叶互生，叶片分裂或多裂，叶柄基部膨大呈鞘状包茎。花小，花常两性，常为复伞形花序，花萼和子房结合，裂齿 5 或不明显；花瓣 5 枚；雄蕊和花瓣同数而互生；雌蕊由 2 个心皮合成，子房下位。果实有肋或翅，成熟时心皮下部分离，上部连接在一个心皮轴上，故称双悬果（图 4-23）。

识别要点：多为芳香型草本植物。常有鞘状叶柄。具典型的复伞形花序，两室，下位子房。双悬果。

伞形科经济作物较多，主要是蔬菜和药用植物。胡萝卜、芹菜、芫荽等是常见的蔬菜；当归、白芷、柴胡、前胡、防风、羌活、阿魏、茴香、川芎、明党参等为药用植物；窃衣、毒芹等可作为农药。

图 4-23　胡萝卜

（强胜，2017. 植物学）

23. 菊科　草本，有乳汁管。叶常互生，单叶，无托叶。头状花序，小花的萼片不发育，常退化为冠毛状、刺毛状或鳞片状；花瓣合生成管状、舌状或唇状，雄蕊 5 枚，着生于花冠筒上；花药合生成筒状称聚药雄蕊；雌蕊由 2 个心皮合生，子房下位，1 室，1 胚珠；花柱顶端 2 裂。瘦果，种子无胚乳（图 4-24）。

识别要点：常为草本。叶互生。头状花序，有总苞，合瓣花冠，聚药雄蕊；子房下位，1 室，胚珠 1 个；瘦果顶端常有冠毛或鳞片。

菊科是双子叶植物中最大的一个科，有很多经济作物。如橡胶草含胶量达 27.8%，山橡胶草含胶量达 40%，都是重要的橡胶原料植物。艾蒿、白术、红花、千里光、蒲公英、苍耳、大蓟、茵陈蒿、牛蒡、黄花蒿等是药用植物。莴苣、茼蒿、菊芋等供作蔬菜。向日葵为重要的油料作物。除虫菊可制杀虫农药，大丽花、百丽菊、金光菊、万寿菊、翠菊、非洲菊是很好的观赏植物。

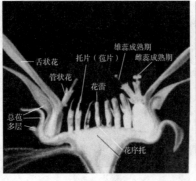
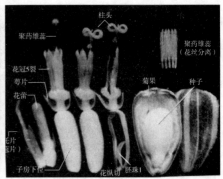

| 植株 | 头状花序纵切 | 花、果 |

图 4-24　向日葵

（马炜梁，2015. 植物学）

24. 茄科　草本，稀灌木或小乔木。叶互生，无托叶，两性花，辐射对称，花单生或成聚伞花序；萼片常 5 裂，宿存；花冠合瓣，辐状或漏斗状或钟状，裂片 5 枚；雄蕊 5 枚，着生于花冠管上与花冠裂片互生；花药常黏合，纵裂或孔裂；子房上位，2 个心皮构成 2 室，胚珠多数。浆果或蒴果。种子有胚乳（图 4-25）。

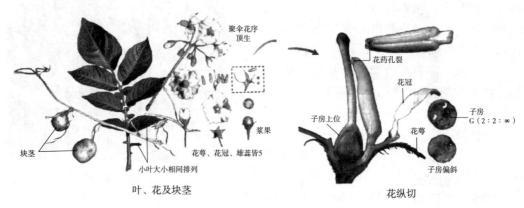

| 叶、花及块茎 | 花纵切 |

图 4-25　马铃薯各部形态

（马炜梁，2015. 植物学）

识别要点：常草本，单叶互生。花萼宿存，花冠轮状。花两性，整齐，5 基数；花药常孔裂；心皮 2 个，2 室；多个胚珠。浆果或蒴果。

茄科中有很多经济作物，如马铃薯，其块茎既可作粮食也可作蔬菜；番茄、茄、辣椒、枸杞叶及嫩枝为重要蔬菜；颠茄、曼陀罗、枸杞果实根皮、莨菪及少花龙葵等是主要药材；烟叶为烟草工业的主要原料，含尼古丁、烟碱，是麻醉性毒剂，吸食对人体有危害；夜来香、观赏辣椒、万寿果、鸳鸯茉莉等供观赏。

25. 旋花科　常为藤本，匍匐或缠绕状，植物体有乳汁。单叶，互生，无托叶。花两性，整齐，单生或聚伞花序；萼片 5 枚，常宿存；花冠漏斗状，5 浅裂，雄蕊 5 枚；着生花冠筒的基部，与花冠裂片互生；子房上位，心皮 2 个合生，常 2～3 室，每室具 2 个胚珠。果实多为蒴果。

识别要点：茎缠绕，有时具有乳汁。花冠漏斗状。蒴果（图4-26）。

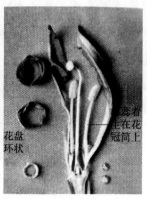

植株　　　　　　　　　　花解剖

图4-26　牵牛及其花部构造

（马炜梁，2015.植物学）

番薯为旋花科重要粮食作物；蕹菜嫩茎可作蔬菜；菟丝子是森林、农田的有害杂草，种子入药有补肝肾作用；牵牛、月光花、茑萝、五爪金龙等是观赏植物。

26. 胡麻科　草本，稀灌木。叶对生或上部互生。单叶，全缘或浅裂，无托叶。花两性，两侧对称，花冠管状，微呈唇形，5裂；雄蕊4枚，二强雄蕊，有一退化雄蕊，花盘肉质杯状；子房上位，2室，或因假隔膜隔成4室，每室有1至多数倒生胚珠。蒴果或为被有硬钩刺或翅的坚果。种子无胚乳（图4-27）。

植株　　　　　　　　　　果实

图4-27　芝　麻

识别要点：花冠二唇形；二强雄蕊，有一退化雄蕊；花盘肉质杯状，子房上位。蒴果。

胡麻科植物在我国栽培仅有芝麻一种。其种子含脂防油 $45\%\sim60\%$ ，供食用或工业用，还有药用价值。

27. 唇形科　草本或灌木，茎方形。叶为单叶，对生或轮生，常含芳香油。花于叶腋形成轮伞花序，然后再形成总状、圆锥状花序；花两性，两侧对称，稀近辐射对称；萼5裂，少4裂，宿存；花冠唇形，5裂，少4裂；雄蕊4枚，2强，有时2个花冠着生；子房上位，由2个心皮构成，裂为4室，每室有1个胚珠，花柱1个，插生于分裂子房的基部；花盘明显。果为4个小坚果（图4-28）。

图 4-28 唇形科相关植物

A. 益母草 B. 甘露子 C. 黄芩

（马炜梁，2015. 植物学）

识别要点：茎四棱。单叶对生。花冠唇形，二强雄蕊，心皮 2 个。4 个小坚果。

唇形科中栽培的蔬菜有草石蚕、地瓜儿苗、荆芥；作为药用的有薄荷、益母草、藿香、夏枯草；田间杂草有夏至草、宝盖草等。

（二）单子叶植物纲

1. 泽泻科 水生或者泽生草本，有根茎。叶常于茎基生，有鞘，变化较大。花两性或单性，常轮生于花茎上；萼片和花瓣均 3 枚；雄蕊 6 至多枚，稀为 3 枚；雌蕊的心皮 6 至多数，有胚珠 1～2 个。果实瘦果（图 4-29）。

图 4-29 慈 姑

A. 植株 B. 叶和花序

（马炜梁，2015. 植物学）

识别要点：水生或者泽生草本。花两性或单性，常轮生于花茎上；萼片和花瓣均 3 枚。果实瘦果。

泽泻科中常见的植物有著名中药泽泻和供蔬菜用的慈姑。泽泻茎叶可作饲料，中医上以根茎入药。慈姑为多年生草本，8—9 月自叶腋抽生匍匐茎，穿过叶柄钻入泥中，先端 1～4 节膨大成球茎，即"慈姑"，球茎作蔬菜，也可制淀粉。

2. 凤梨科 为多年生草本。茎短为叶片掩蔽，基部抽出吸芽；叶剑形，基生或丛生，叶缘常有锯齿，生于花序下的叶退化，常呈红色。花序为顶生穗状花序，单生，肉质，椭圆形；花两性，小片卵形，淡红色；萼片3枚，短卵形；花瓣3枚，倒披针形，长约2cm，上部紫红色，下部白色；雄蕊6枚；下位房，肉质。果肉质，为球果状复果（图4-30）。

识别要点：草本。叶剑形，基生或丛生，叶缘常有锯齿，生于花序下的叶退化，常呈红色。花序为顶生穗状花序。萼片3枚，短卵形；花瓣3枚，倒披针形。果肉质，为球果状复果。

凤梨科有50属，约1 000种，全部产于热带美洲，我国南方常见的有菠萝。

3. 芭蕉科 多年生大型草本，有地下茎，地上有叶鞘层层包叠而成的粗大假茎。叶大型，具侧出平行脉，主脉粗大，螺旋状排列。花单性或两性，两侧对称，多朵集生成花束，每一花束外承托一片大型苞片，花束再聚生成穗状花序；花被花瓣状，两轮6枚，5枚合生，多呈二唇形；雄蕊6枚，1枚退化；子房下位，3室。肉质浆果，部分为肉质发达的胎座。种子具胚乳（图4-31）。

识别要点：有叶鞘层层包叠而成的粗大假茎。叶大型而具侧出平行脉。花1~2列簇生于大型苞片内。肉质浆果。

芭蕉科中的香蕉是著名的果树，为南方三大果树之一。大蕉也是果树，麻蕉是一种优质的纤维作物，其叶鞘中的纤维耐海水力极强，适宜于制造航海绳缆、高级纸，也可织布。

4. 百合科 多年生草本，少为木本，具根茎、鳞茎或块茎。茎直立或攀缘，单叶互生，少数对生或轮生，或退化为鳞片状。有的种类具托叶，托叶常变态为卷须或刺。总状、穗状、圆锥或伞形花序，如果是伞形花序则是腋生，无总苞片；花两性，辐射对称，花被花瓣状，常6裂片，排成2轮；雄蕊常6枚，与花被片对生；雌蕊由3个心皮组成，子房上位，通常3室，每室有1至多数胚珠。蒴果或浆果。种子有胚乳（图4-32）。

识别要点：单叶。花被片6枚，排列成2轮，雄蕊6枚与之对生，子房3室。果实为蒴果或浆果。

百合科植物百合供药用和食用。葱、蒜、北黄花菜、小黄花菜、石刁柏等供蔬菜用，贝母、川贝母、麦门冬、黄精、萱草、玉竹、芦荟等均可药用。

5. 天南星科 多年生草本，具根茎或块茎，常具乳状汁液，或少许为木质攀缘藤本。叶多为基生，单叶或复叶，或为盾状。花小，两性或单性，排列成肉穗花序，被1片佛焰苞

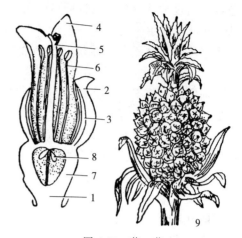

图4-30 菠萝
1. 花纵切面 2. 苞片 3. 萼片 4. 花瓣 5. 花柱
6. 雄蕊 7. 子房 8. 胚珠 9. 果实及冠芽
（李扬汉，1984. 植物学）

图4-31 香蕉
1. 植株 2. 雄花 3. 花被一部分 4. 花图式
（李扬汉，1984. 植物学）

153

所包，佛焰苞常具彩色，雌雄同株。雌花生于肉穗花序下部，雄花通常生于肉穗花序上部。两性花常有花被片4～6枚，单性花无花被；雄蕊2至多数；子房上位，有1至多室。浆果。种子有胚乳（图4-33）。

识别要点：草本，常具乳汁。肉穗花序，花序外或花序下具有1片佛焰苞。

栽培作物芋的球茎含大量淀粉，可充杂粮，嫩叶柄亦可作蔬菜食用，是天南星科的粮食和蔬菜两用作物，魔芋块茎富含淀粉，有毒，经石灰水浸泡后可食用和制淀粉；半夏、葛蒲、石蒲、天南星等均可入药；龟背竹、花叶万年青、花叶芋等可供观赏。

6. 石蒜科 一年或多年生草本，稀木本，有鳞茎或根状茎。叶丛生，线状，全缘。花序着生花葶末端，基部常有干膜质苞片。花两性，辐射对称，花被片6个，2

图 4-32 百 合

A

肉穗花序轴

块茎扁球形　叶裂片中轴有翅

B

图 4-33 天南星科代表植物

A. 芋　B. 东亚魔芋

（马炜梁，2015. 植物学）

轮，白色或其他颜色，花瓣状，雄蕊6个，着生于花被裂片喉部或基部；下位子房，3室，每室胚珠数个，稀1～2个。蒴果，多为室背开裂（图4-34）。

花枝

花柱　花丝

花被片6

子房下位　中轴胎座式

总苞片2，膜质

花解剖

图 4-34 石 蒜

（马炜梁，2015. 植物学）

花期无叶

识别要点：草本，有鳞茎或根茎。叶线形。花被片及雄蕊各 6 枚，2 轮，下位子房，3 室。蒴果。

石蒜科石蒜在秋季开花时，花葶从枯叶中抽出，伞形花序具数朵花；花红色，可供观赏；茎有解毒消肿、祛痰、催吐作用；鳞茎富含石蒜碱，可作杀虫剂。另外，水仙、君子兰、百子莲、网球花、朱顶红、石蒜、晚香玉、玉帘、风雨花、金色葱莲等都是本科常见的观赏植物。

7. 兰科 多年生草本。陆生、附生或腐生，单叶互生或有时退化成鳞片状。花两性，稀为单性，两侧对称，花被片 6 枚，排列为 2 轮，雄蕊 1～2 枚，雄蕊和花柱、柱头完全合生成柱状体，称蕊柱；花粉颗粒状，常黏结成 2～4 个花粉块；下位子房，1 室，侧膜胎座，蒴果。种子多数，细小，近无胚乳，胚不分化（图 4-35）。

图 4-35　白　及

识别要点：草本。花两侧对称，花粉结合成花粉块，雄蕊和花柱结合成合蕊柱；子房下位，侧膜胎座。种子微小。

兰科有很多是著名的观赏植物，如建兰是著名的芳香花卉植物，根和叶可入药，前者清热止带，后者镇咳祛痰；春兰也可作为花卉；白及、天麻、石斛等为名贵的中药。

8. 莎草科 多年生草本，少为一年生。多数有根状茎，少有块茎或球茎。茎常 3 棱，少圆柱形，常实心，花序以下不分支。叶常 3 列，狭长，有时退化为只有叶鞘，叶鞘闭合。花小，两性，少有单性；花生于颖片腋间，2 至多数带鳞片的花组成小穗；小穗单一或若干再排成穗状、总状、圆锥或聚伞等各种花序；花被退化成下位刚毛或鳞片状，雄蕊 1～3 枚，雌蕊由 2～3 个心皮构成，子房上位，1 室。瘦果或小坚果。种子具胚乳（图 4-36）。

识别要点：茎常三棱形，实心。叶常 3 列，或只有叶鞘，叶鞘闭合；小穗组成各种花序。小坚果。

莎草科莎草、牛毛毡、苔草为常见的水田杂草；香附子、荆三棱的地下茎供药用；藨

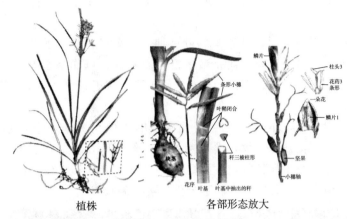

植株　　　　　　　　各部形态放大

图 4-36　香附子
(马炜梁，2015. 植物学)

草、莛芏、席草、苔草、乌拉草供编织用；荸荠球茎供食用；油莎草块茎含油 27%，可供食用。

9. 禾本科　一年生、越年生或多年生草本，少有木本（竹类）。茎常称为秆，常于基部分支，节间常中空，有居间生长的特性。单叶互生，成 2 列；叶鞘包围秆，边缘常分离而覆盖，少有闭合；叶舌膜质或退化为一圈毛状物，很少没有；叶耳位于叶片基部的两侧或没有；叶片狭长，叶脉平行。花序由多数小穗组成，每小穗由 1 至数个小花和 2 个颖片组成；花两性，少单性，每小花基部有外稃与内稃，外稃常有芒，相当于苞片，内稃无芒，相当于小苞片；外稃的内方有浆片 2 个，少有 3 个，相当于花被；雄蕊 3 个，少有 1、2 个或 6 个；雌蕊 1 个，柱头 2 个，少有 3 个；子房 1 室，上位，内有 1 个弯生胚珠。果实多为颖果（图 4-37）。

A　　　　　　　　　　　B　　　　　　　　　　　C

图 4-37　水稻植株
A. 圆锥花序　B. 花解剖　C. 稻穗
(马炜梁，2015. 植物学)

识别要点：秆常圆柱形，而节间常中空。叶 2 列，叶鞘边缘常分离面覆盖，由小穗组成种种花序。

禾本科植物与人类的关系密切，具有重要的经济价值。水稻、小麦、玉米、高粱、大麦、小米等是人类粮食的主要来源，甘蔗是重要的糖料作物，竹是建筑、造纸、制器具的原料，芦苇也是造纸及人造纤维的原料。禾本科的许多植物也是动物饲料的主要来源。看麦娘、早熟禾、马唐、鹅冠草、白茅、稗为田间杂草。

四、组织实施

(一)双子叶植物的识别

1. 现场教学　教师带领学生沿着既定的路线,针对常见的双子叶植物进行识别,引导学生归纳科的特征。

(1)观察记载首先要仔细观察全株,然后着重解剖花的结构。如果花太小,应使用放大镜察。在观察过程中,对有关内容如实进行记载。

(2)目标检索根据观察结果,从检索表开头依次往下进行检索。当表中描述的特征与检索植物的特征相符合时,则继续往下查,如不符合,应找相对应的另一个分支查找,直到达到检索目标为止。

(3)植物图鉴是鉴定植物时常用的工具书,它是利用文字和附图,说明每一种植物的特征、生长环境及经济用途等,使用方法如下:

①在使用检索表查出某一植物后,根据该植物所属科在图鉴前面的分科目录中查找该科所在的页码。

②找到指定的页码后,核对被查植物与该科的特征是否一致,如果相符,说明被查植物确属该科,再在该科的种类中查对附图和文字,如全部相符,则证明查对无误。如果不符合,需进一步鉴定。

③有些图鉴前面无分科目录,而在后面附有学名和中文名笔画索引,可根据科名字首数清笔画,依笔画的多少,查出该科所在的位置与页码,或按后面的拉丁文索引进行检索。

2. 分组识别　以学生小组为单位,识别当地常见的双子叶植物,对常见双子叶植物的识别要点、种名和科名进行检索;结合练习总结识别与鉴定植物的方法。需注意以下几点:

(1)观察植物特征时,应采集典型材料,而不能取个别变异材料,否则将达不到目的。

(2)在开始练习时,要尽可能地采用花较大的植物,以便于解剖和观察。

(3)检索表使用熟练后也可直接从某一步往下检索,不必从头开始。

(4)被子植物的检索表通常是根据花和果实等生殖器官的特征编写的,但花和果实不是常有,在没有花和果实时很难检索。有些地方由于生产上和识别的实际需要,主要根据根、茎、叶等营养器官的特征编写检索表,这种检索表也可以使用,而且比较简便,但有一定的局限性。

3. 点评与答疑　教师对各小组的任务完成情况进行点评,解答学生对本任务学习过程中提出的疑问。

4. 考核与评价　5min 内写出给定的 20 种双子叶植物的种名和科名,口答为辅(表 4-3)。

表 4-3　双子叶植物的识别

名称	双子叶植物的识别											
评价项目	考核评价内容	自评			互评			师评			总评		
		优秀	良好	加油	优秀	良好	加油	优秀	良好	加油	优秀	良好	加油
训练态度 (10分)	目标明确,能够认真对待、积极参与												

（续）

名称		双子叶植物的识别											
评价项目	考核评价内容	自评			互评			师评			总评		
		优秀	良好	加油	优秀	良好	加油	优秀	良好	加油	优秀	良好	加油
团队合作（10分）	组员分工协作，团结合作配合默契												
实训技能 写出植物的种名（20分）	对给定的 20 种常见的双子叶植物，正确识别 10 种以上计为 20 分；每错误一种扣 1 分												
实训技能 写出植物的科名（20分）	对给定的 20 种常见的双子叶植物进行科别分类，正确识别 10 种以上计为 20 分；每错误一种扣 1 分												
实训技能 科的识别特征（20分）	正确叙述随机指定植物科的识别特征 5 种以上，计为 20 分；不足 5 种，每少 1 种或错误 1 种扣 1 分												
安全文明意识（10分）	不攀爬树木、围墙等，爱护植物、植被，不折大枝												
卫生意识（10分）	实训完成及时打扫卫生，保持实训场所整洁												
综合评价													

（二）单子叶植物的识别

1. 现场教学　教师带领学生沿着既定的路线，针对常见的单子叶植物进行识别，引导学生归纳科的特征（方法同双子叶植物识别一样）。

2. 分组识别　以学生小组为单位，巩固识别当地常见的单子叶植物，对常见单子叶植物的识别要点、种名、科名进行检索；结合练习总结识别与鉴定植物的方法。

3. 点评与答疑　教师对各小组的任务完成情况进行点评，解答学生对本任务学习过程中提出的疑问。

4. 考核与评价　5min 内写出给定的 20 种双子叶植物的种名和科名，口答为辅（表 4-4）。

表 4-4　单子叶植物的识别

名称		单子叶植物的识别											
评价项目	考核评价内容	自评			互评			师评			总评		
		优秀	良好	加油	优秀	良好	加油	优秀	良好	加油	优秀	良好	加油
训练态度（10分）	目标明确，能够认真对待、积极参与												

（续）

名称		单子叶植物的识别											
评价项目		考核评价内容	自评			互评			师评			总评		
			优秀	良好	加油	优秀	良好	加油	优秀	良好	加油	优秀	良好	加油
团队合作（10分）		组员分工协作，团结合作配合默契												
实训技能	写出植物的种名（20分）	对给定的20种常见的单子叶植物，正确识别10种以上计为20分；每错误一种扣1分												
	写出植物的科名（20分）	对给定的20种常见的单子叶植物进行科别分类，正确识别10种以上计为20分；每错误一种扣1分												
	科的识别特征（20分）	正确叙述随机指定植物科的识别特征5种以上，计为20分；不足5种，每少1种或错误1种扣1分												
安全文明意识（10分）		不攀爬树木、围墙等，爱护植物、植被，不折大枝												
卫生意识（10分）		实训完成及时打扫卫生，保持实训场所整洁												
综合评价														

五、课后探究

除了课本上提到的双子叶植物和单子叶植物，你还知道哪些双子叶植物和单子叶植物？它们属于什么科的？

任务三　植物腊叶标本的采集与制作

📝 学习目标

1. 学会并掌握标本的采集、记录卡的填写和腊叶标本的制作方法。
2. 能熟练使用植物检索表。

🔍 任务要求

采集标本：草本植物，采集带根的全株，最好选取株型端正，根、茎、叶、花、果实、种子都齐全的；木本植物，要选择植株上具有花、果实等器官的两年生枝条。每一种标本要采集3~5份。采集后的标本立即挂牌登记，并尽快放入采集箱内。

课前准备

1. 工具 带绳标本夹、采集铲、剪刀、枝剪、高枝剪、采集箱、采集记录卡、采集号牌、镊子、解剖针、米尺、放大镜、标本瓶或广口瓶、台纸、吸水纸、标本签、针线、铅笔、小纸袋、透明胶带等。

2. 场地或材料 园艺作物生长大棚、园林绿地、校园、当地的植物园等。

一、任务提出

1. 你看见过植物标本吗？你知道植物腊叶标本的制作过程吗？

2. 植物标本的采集要求是什么？

3. 植物标本和植物采集记录卡是如何记录的？

二、任务分析

植物标本是解决植物学教具的有力手段之一。课堂教学中若有植物的活体，更加利于加深认识，便于识别。最常见的植物标本是腊叶标本，腊叶标本又称压制标本，通常是将新鲜的植物材料用吸水纸压制使之干燥后装订在白色硬纸上（这种纸称为台纸）制成的标本。通过该任务的学习，要会采集植物的标本；会记录标本的特征；会根据植物自然生长的特性整理并压制标本；要会装订标本和保存标本。

三、相关知识

（一）植物标本的采集

1. 标本的选取 植物标本最好选取根、茎、叶、花和果实齐全的植株，木本植物植株高大，可选取有代表性的枝条。每一种标本采集3~5份为宜。标本选取后应立即挂上号牌，并尽快放入采集箱内。

2. 特征的记录 挂上号牌后，认真观察，将特征记录在植物采集记录卡上，并注意采集号数必须与号牌相同。

（二）腊叶标本的制作

1. 初步整理 剪去多余的枝、叶、花、果，但要保持植物自然生长的特性。

2. 压制标本 将一片标本夹放平，上铺3~4层吸水纸，把标本平展在吸水纸上，草本植物太长的，可折成N形或V形，叶子要展平，大部分叶片正面向上，小部分叶片反面向上。叶、花不重叠。采集标本较多时，可每隔1~2层吸水纸摞放另一份标本（潮湿、肉质标本需多放几层吸水纸），一般可摞放30~40层标本。当标本压到一定高度后，再盖上另外一片标本夹，用绳捆紧，置于通风干燥处，并用石头或其他重物压上。一般植物标本经10~20d便能压干，肉质多浆标本压干时间要更长些。

注意事项：

（1）肉质标本（如肉质茎、块根、块茎等）不易压干，可放入开水中烫30s再压制，或者切成两片后再压。

（2）前几天，每天更换一次吸水纸，以后视标本的干燥情况，隔1~2d换一次（水生或肉质果浆植物，换纸更要勤一些）。每次换下的吸水纸，必须及时晾干或烘干，以备再用。

在换纸过程中，如有叶、花、果脱落时，应随时将脱落部分装入小纸袋中，并记上采集号，附于该份标本上。

（3）随采随压。标本采集后应立即放入标本夹中压制，不仅使标本保持原形，而且可以减少压制中的整形工作，同时注意要在阴凉的地方整理标本，动作要快，防萎缩变形。

3. 装订标本　装订时，首先用针线把标本固定在台纸上，每个枝条或较大的根，每隔10cm 左右钉一针，或用纸条粘贴。然后在台纸的左上角贴上植物采集记录卡，右下角贴上植物标本签。

4. 保存标本　将已制成的腊叶标本保存在干燥密闭的标本柜内，并放些杀虫剂如樟脑等，还须附采集记载和鉴定记载，按类别排列存放。同时注意避免受潮，严防鼠害。

四、组织实施

1. 现场教学，每班分若干小组，每小组 5～6 人。

2. 采集植物标本并记录采集植物的种类。

3. 植物标本的初步整理。

4. 标本的压制。

5. 腊叶标本的装订与保存。

6. 点评与答疑：教师对各小组的任务完成情况进行点评，解答学生对本任务学习过程中提出的疑问。

7. 考核与评价（表 4-5）。

表 4-5　植物标本的采集与制作

名称		植物标本的采集与制作											
评价项目	考核评价内容	自评			互评			师评			总评		
		优秀	良好	加油	优秀	良好	加油	优秀	良好	加油	优秀	良好	加油
训练态度 （10 分）	目标明确，能够认真对待、积极参与												
团队合作 （10 分）	组员分工协作，团结合作配合默契												
实训技能	标本的采集 （20 分）　标本选取典型												
	正确填写植物采集记录表												
	腊叶标本的制作（40 分）　初步整理操作规范												
	标本压制操作规范												
	标本装订操作规范												
	标本保存操作规范												
安全文明意识 （10 分）	严格按照安全的操作规程，结束后关水、电、气等												

（续）

名称		植物标本的采集与制作										
评价项目	考核评价内容	自评			互评			师评			总评		
		优秀	良好	加油	优秀	良好	加油	优秀	良好	加油	优秀	良好	加油
卫生意识 （10分）	实训完成及时打扫卫生，保持实训场所整洁												
综合评价													

五、课后探究

1. 为什么阴雨天不适合采集和制作植物腊叶标本？

2. 野外采集时，遇到珍稀的植物，我们应该如何做？

3. 请你给校园植物制作名片。制作名片的要求：①图片要做得精美，可以在上面画上一些画或用彩色纸。②名片上的文字要规范，书写要清楚。③资料翔实，对植物作适当介绍（如植物名称、分类及同类植物、该植物的作用等）。④名片最好采用硬质材料。

主 要 参 考 文 献

北京市农业学校，2010. 植物及植物生理学 ［M］. 3 版. 北京：中国农业出版社.

陈忠辉，2001. 植物与植物生理 ［M］. 北京：中国农业出版社.

丁祖福，1995. 植物学 ［M］. 北京：中国林业出版社.

方彦，2002. 园林植物 ［M］. 北京：高等教育出版社.

李慧，2012. 植物基础 ［M］. 北京：中国农业出版社.

李扬汉，1984. 植物学 ［M］. 北京：高等教育出版社.

李扬汉，1999. 植物学 ［M］. 2 版. 上海：上海科学技术出版社.

卢爱英，2016. 植物生长与环境 ［M］. 北京：中国农业出版社.

马炜梁，王幼芳，李宏庆，2015. 植物学 ［M］. 2 版. 北京：高等教育出版社.

闵健，1998. 植物基础 ［M］. 成都：天地出版社.

强胜，2017. 植物学 ［M］. 2 版. 北京：高等教育出版社.

沈建忠，2006. 植物与植物生理 ［M］. 南京：江苏科学技术出版社.

宋志伟，2010. 植物生产与环境 ［M］. 2 版. 北京：高等教育出版社.

宋志伟，2013. 植物生产与环境 ［M］. 3 版. 北京：高等教育出版社.

王衍安，龚维红，2004. 植物与植物生理 ［M］. 北京：高等教育出版社.

吴国宜，2001. 植物生产与环境 ［M］. 北京：中国农业出版社.

徐汉卿，1995. 植物学 ［M］. 北京：中国农业大学出版社.

徐汉卿，1999. 植物学 ［M］. 北京：中国农业出版社.

周云龙，2000. 植物生物学 ［M］. 3 版. 北京：高等教育出版社.

邹良栋，2016. 植物生长与环境 ［M］. 2 版. 北京：高等教育出版社.

附 A：植物显微结构及彩色图谱

洋葱根尖细胞的
有丝分裂过程

洋葱鳞叶的
表皮细胞

植物的组织

百合花药
横切面结构

百合子房
横切面结构

根的横切面结构

茎的横切面结构

叶的横切面结构

草本植物彩色图谱

木本植物彩色图谱

附 B：学习二十大精神·我们这样说

学在"先" 谋在"前" 干在"实"

读者意见反馈

亲爱的读者：

感谢您选用中国农业出版社出版的职业教育规划教材。为了提升我们的服务质量，为职业教育提供更加优质的教材，敬请您在百忙之中抽出时间对我们的教材提出宝贵意见。我们将根据您的反馈信息改进工作，以优质的服务和高质量的教材回报您的支持和爱护。

地　　址：北京市朝阳区麦子店街 18 号楼（100125）
　　　　　中国农业出版社职业教育出版分社
联系方式：QQ（1492997993）

教材名称：＿＿＿＿＿＿＿＿＿　ISBN：

个人资料

姓名：＿＿＿＿＿＿＿＿＿＿＿所在院校及所学专业：＿＿＿＿＿＿＿＿＿＿＿

通信地址：＿＿＿＿＿＿＿＿＿＿＿＿＿＿＿＿＿＿＿＿＿＿＿＿＿＿＿＿＿

联系电话：＿＿＿＿＿＿＿＿＿＿＿电子信箱：＿＿＿＿＿＿＿＿＿＿＿＿＿

您使用本教材是作为：□指定教材□选用教材□辅导教材□自学教材

您对本教材的总体满意度：

　从内容质量角度看□很满意□满意□一般□不满意

　　改进意见：＿＿＿＿＿＿＿＿＿＿＿＿＿＿＿＿＿＿＿＿＿＿＿＿＿＿＿

　从印装质量角度看□很满意□满意□一般□不满意

　　改进意见：＿＿＿＿＿＿＿＿＿＿＿＿＿＿＿＿＿＿＿＿＿＿＿＿＿＿＿

　本教材最令您满意的是：

　□指导明确□内容充实□讲解详尽□实例丰富□技术先进实用□其他＿＿＿＿＿＿＿

　您认为本教材在哪些方面需要改进？（可另附页）

　□封面设计□版式设计□印装质量□内容□其他＿＿＿＿＿＿＿＿＿＿＿＿＿

您认为本教材在内容上哪些地方应进行修改？（可另附页）

＿＿＿＿＿＿＿＿＿＿＿＿＿＿＿＿＿＿＿＿＿＿＿＿＿＿＿＿＿＿＿＿＿＿＿

＿＿＿＿＿＿＿＿＿＿＿＿＿＿＿＿＿＿＿＿＿＿＿＿＿＿＿＿＿＿＿＿＿＿＿

本教材存在的错误：（可另附页）

第＿＿＿＿页，第＿＿＿＿行：＿＿＿＿＿＿＿＿应改为：＿＿＿＿＿＿＿＿

第＿＿＿＿页，第＿＿＿＿行：＿＿＿＿＿＿＿＿应改为：＿＿＿＿＿＿＿＿

第＿＿＿＿页，第＿＿＿＿行：＿＿＿＿＿＿＿＿应改为：＿＿＿＿＿＿＿＿

您提供的勘误信息可通过 QQ 发给我们，我们会安排编辑尽快核实改正，所提问题一经采纳，会有精美小礼品赠送。非常感谢您对我社工作的大力支持！

欢迎访问"全国农业教育教材网"http://www.qgnyjc.com（此表可在网上下载）

欢迎登录"中国农业教育在线"http://www.ccapedu.com 查看更多网络学习资源

图书在版编目（CIP）数据

植物基础/李慧主编．—2 版．—北京：中国农
业出版社，2021.8（2024.8 重印）
中等职业教育农业农村部“十三五”规划教材　中等
职业教育“十四五”规划教材
ISBN 978-7-109-28107-3

Ⅰ．①植…　Ⅱ．①李…　Ⅲ．①植物学－中等专业学校
－教材　Ⅳ．①Q94

中国版本图书馆 CIP 数据核字（2021）第 062135 号

中国农业出版社出版

地址：北京市朝阳区麦子店街 18 号楼
邮编：100125
责任编辑：刘　佳　吴　凯　　文字编辑：钟海梅
版式设计：杜　然　　责任校对：刘丽香
印刷：中农印务有限公司
版次：2012 年 4 月第 1 版　　2021 年 8 月第 2 版
印次：2024 年 8 月第 2 版北京第 4 次印刷
发行：新华书店北京发行所
开本：787mm×1092mm　1/16
印张：11
字数：260 千字
定价：32.00 元